U0230283

计算机

科学与技术丛书

树莓派
Linux操作系统移植

方元　沈克勤◎编著

清华大学出版社

北京

内 容 简 介

本书介绍 Linux 内核的编译和移植、根文件系统的制作、基础系统、桌面系统，以及这些软件在系统中的作用、软件之间的依赖关系、软件的移植方法。由于很多树莓派应用是由 Python 语言编写的，本书也专门介绍树莓派上硬件接口的 Python 控制模块和其他一些基础应用。全书分为 6 章，第 1 章介绍 Linux 内核的移植及根文件系统的制作；在第 1 章的基础上，第 2 章移植了一些基础软件，增强了树莓派的联网功能；第 3 章介绍 Linux 的基础图形库、文本布局软件、X Window 系统，直至构成一个完整的 XFCE4 桌面环境；第 4 章介绍一些 Linux 应用软件的移植，包括远程桌面、音视频编码与解码及媒体播放、文档阅读，以及网络监控软件；第 5 章介绍典型的 Linux 开发工具的移植，移植了编译器的树莓派系统初步具备板载开发能力；鉴于树莓派被广泛用于电子设计制作，第 6 章专门讨论树莓派 GPIO 接口的功能，介绍一款典型的 GPIO Python 模块的使用，并介绍各种应用模块的工作原理和程序控制方法。

本书能对树莓派爱好者深入学习提供一定的帮助，对于其他嵌入式开发人员，书中介绍的内容也有参考意义。此外，本书也可作为高等学校计算机与电子信息类专业在学习嵌入式 Linux 操作系统时的教学参考书。

本书封面贴有清华大学出版社防伪标签，无标签者不得销售。

版权所有，侵权必究。 举报：**010-62782989，beiqinquan@tup.tsinghua.edu.cn**。

图书在版编目(CIP)数据

树莓派 Linux 操作系统移植/方元，沈克勤编著. —北京：清华大学出版社，2022.2（2024.4重印）
（计算机科学与技术丛书）
ISBN 978-7-302-59939-5

Ⅰ. ①树…　Ⅱ. ①方…　②沈…　Ⅲ. ①Linux 操作系统　Ⅳ. ①TP316.85

中国版本图书馆 CIP 数据核字(2022)第 014860 号

策划编辑：盛东亮
责任编辑：钟志芳
封面设计：吴　刚
责任校对：时翠兰
责任印制：丛怀宇

出版发行：清华大学出版社
　　　　网　　　址：https://www.tup.com.cn, https://www.wqxuetang.com
　　　　地　　　址：北京清华大学学研大厦 A 座　　　邮　　编：100084
　　　　社 总 机：010-83470000　　　　　　　　　邮　　购：010-62786544
　　　　投稿与读者服务：010-62776969, c-service@tup.tsinghua.edu.cn
　　　　质 量 反 馈：010-62772015, zhiliang@tup.tsinghua.edu.cn
　　　　课 件 下 载：https://www.tup.com.cn, 010-83470236
印 装 者：三河市君旺印务有限公司
经　　销：全国新华书店
开　　本：186mm×240mm　　　印　张：14.5　　　字　数：323 千字
版　　次：2022 年 4 月第 1 版　　　　　　　　印　次：2024 年 4 月第 3 次印刷
印　　数：2601 ～ 3100
定　　价：59.00 元

产品编号：092375-01

前言
PREFACE

　　树莓派是在电子爱好者中广受欢迎的一款单板式计算机。自其问世以来,全世界众多的开发者和爱好者在这个系统上开发了大量有趣的应用。大多数应用都是基于 Linux 操作系统,树莓派官方网站也提供了几种典型的操作系统映像。用户只要下载后,复制到存储卡上,操作系统就能运行起来。

　　多数人只是在使用这个成熟的操作系统。本书则是介绍如何从零开始,从源代码构造一个可用的 Linux 操作系统,并在这个系统上实现一些简单的应用。通过学习这一过程,计算机爱好者可以根据自己的需要移植相关的软件,并自如地调度系统的软、硬件资源,甚至打造自己的 Linux 发行版。

　　Linux 是遵循自由版权协议的操作系统,本书移植的绝大部分软件都是自由软件。可以免费获得,其中多数还允许用户对其修改和再发布,但用户仍然需要遵守它们的版权协议。本书移植的软件所涉及的版权协议主要有以下几种。

- GNU 通用公共版权协议 (General Public License, GPL),出自自由软件基金会。这是 Linux 软件使用最多的一种版权协议, Linux 内核、GCC、BusyBox 等属此类;该版权协议要求由 GPL 衍生的软件也必须遵守 GPL 规范。

- GNU 宽松通用公共版权协议 (Lesser General Public License, LGPL),同样出自自由软件基金会。以这种版权协议发布的软件允许其他版权协议 (即使是私有版权)的软件使用,而不会影响其他版权协议。通常它们以共享库的方式被调用,以明确版权协议之间的界线。但 LGPL 软件本身修改后的再发布仍需要遵守 LGPL 规范。GTK、FFMpeg 等软件以 LGPL 发布。

- BSD 及类 BSD 版权协议,源自加州大学伯克利分校。该版权协议要求被授权者保留原著作权声明,但并不要求其衍生产品必须开源,例如 Tcl/Tk。

- MIT 及类 MIT 版权协议,源自麻省理工学院,又称作 "X 版权协议" 或 "X11 版权协议", X11 系统的软件均以此协议发布。它要求被授权者保留著作权和版权声明,对软件的使用和再发布相对宽松。它也是自由软件基金会所认可的自由软件许可协议条款,与 GPL 兼容。

- Python 软件基金会版权协议 (Python Software Foundation License, PSFL), 出自 Python 软件基金会, 要求被授权者在使用 Python 及衍生产品时须保持原有的版权协议, 它与 GPL 兼容, 但并不要求再发布的软件也开源。
- 其他开源软件版权协议, 例如 zlib-libpng 版权协议等。这些开源版权协议的共同特点是允许免费获得、修改、移植, 而且不限制商业使用。但在使用和再发布时必须保持原版权声明, 明确原作者的贡献。

相比软件开发, 移植软件的技术含量并没有那么高, 大量工作都是重复性的机械劳动。因此也有不少软件工程师将编译整个操作系统的工作写成一组脚本程序, 一个典型的案例就是 Buildroot。开发人员通过图形配置界面, 选择自己需要的功能, 输入几条命令, 剩下的就是等待。软件下载、编译、安装完全自动化实现。这个过程中, 开发人员不需要了解软件的依赖关系, 也不需要关心编译过程, 甚至都不需要自己手工安装编译器。单纯从构建系统的目标来看, 这种方法不失为一种方便的选择, 但对理解操作系统的构成帮助不大。

本书基于树莓派平台, 介绍从内核到桌面应用的整套系统的移植过程。在讨论软件移植方法的同时, 还介绍这些软件的作用及它们之间的关系。作为一个完整的操作系统, 这些软件远远不够, 但已经足够胜任树莓派的大部分应用场合。掌握这些软件的移植方法, 再移植其他软件也只是时间问题。

本书面向具有一定 Linux 系统使用基础的树莓派爱好者。计算机技术的发展日新月异, 软件的更新换代更是频繁。本书在移植过程中使用的软件, 随着时间的推移会渐渐显得过时。然而, 得益于人工智能、边缘计算、嵌入式应用的发展, Linux 操作系统正处于发展上升期, 开源软件社区不断壮大。在可见的将来, 软件移植的方法会越来越规范、越来越简单。如果有意愿自己定制 Linux 操作系统, 本书可提供一定的参考。

限于笔者的知识水平和认知能力, 书中难免存在疏漏之处, 恳请同行专家及读者批评指正。

编者

2022 年春于南京

目 录
CONTENTS

第 1 章　内核与根文件系统

嵌入式系统是面向产品、面向应用的专用计算机系统。嵌入式系统的软件包括系统软件和应用软件，系统软件的核心是操作系统。在不同的应用中，嵌入式操作系统的选择也是多种多样的。在高端的嵌入式处理器平台上，大量的应用是基于 Linux 操作系统开发的。

本章介绍如何将 Linux 操作系统内核与根文件系统移植到树莓派上，为后续扩展树莓派的功能打下基础。

1.1　树莓派简介

树莓派 (Raspberry Pi) 是一款卡片式计算机，由英国一个非营利机构"树莓派基金会"开发，其最初的目的是用于对少年儿童进行计算机普及教育。2012 年 2 月，这款信用卡大小的单板计算机横空出世，型号是树莓派 B 型，随后不久又发布了一款低配版的 A 型。25美元的价位、超高的性价比使树莓派迅速得到市场的回应，至此一发不可收拾，差不多每一两年就有一个新款发布，性能也在不断提高。树莓派基金会还专门成立了一个企业部门，由博通工程师 Eben Upton 任 CEO。

迄今为止的历代树莓派都采用博通公司的 SoC 处理器。第一代处理器型号是BCM2835，基于 Arm1176JZF-S 架构，指令集为 Armv6Z，属于 Arm11 系列，CPU 主频为 700MHz，采用博通 VideoCore IV 图形处理器 (Graphics Processing Unit, GPU)。它的性能相当于 20 世纪末的 300MHz Pentium II 处理器，GPU 的性能与 2001 年的家用游戏机 Xbox 相当。

第二代树莓派曾短暂使用 BCM2836 处理器，为 4 核 Cortex-A7 架构，主频为 900MHz，指令集为 Armv7-A。这仍然是一个 32 位的处理器，但从开发者 Eben Upton 在 2015 年 2月 2 日发布于树莓派官网 Blog 的信息来看，其性能已比第一代产品提高了 4~6 倍。从第二代的 Pi 2Bv1.2 版开始普遍采用 BCM2837 系列的处理器，它是一个四核的 Cortex-A53

处理器, 支持 64 位指令集Armv8-A, 主频也从 900MHz 提高到 1.4GHz。

从第三代开始有了板载无线通信设备: 蓝牙和 WiFi。在 Pi 3 B+ 上更是 2.4G/5G 双频 802.11ac WiFi 和千兆以太网。但由于这一代有线网是通过 USB 控制器 LAN7515/LAN9514 连接的, 受 USB 2.0 限制, 实际传输能力在 300Mb/s 左右。

第四代树莓派采用 BCM2711 处理器, 和第二代、第三代相比, 主要的变化有: ①将原有的一个标准 HDMI (High Definition Multimedia Interface, 高清晰度媒体接口) 换成了两个 microHDMI, 扩展了显示能力; ②增加了 USB 3.0 接口, 以太网不再受制于 USB 2.0 的传输能力; ③将电源接口从 microUSB 换成了 USB Type-C, 提高了供电能力。尤其重要的是, 处理器架构从 Cortex-A53 升级到 Cortex-A72, 虽然主频仅比 Pi 3 B+ 提高了 0.1GHz, 但性能有了大幅度的提升, GPU 升级到 VideoCore VI, 主频也从 400MHz 提高到 500MHz。原有的 GPU 支持 OpenGL ES 2.0, 新的 GPU 支持 OpenGL ES 3.2。表 1.1是截至 2019 年发布的各种型号的树莓派, 图 1.1 是树莓派代表性型号的外观。

表 1.1　树莓派系列

型号	处理器架构	指令集	发布时间
Pi B	Arm1176JZF-S	Armv6Z	2012
Pi A	Arm1176JZF-S	Armv6Z	2013
Pi B+	Arm1176JZF-S	Armv6Z	2014
Pi A+	Arm1176JZF-S	Armv6Z	2014
Pi Zero	Arm1176JZF-S	Armv6Z	2015[①]
Pi 2 B	4xCortex-A7	Armv7-A	2015
Pi 3 B	4xCortex-A53	Armv8-A	2016
Pi 3 B+	4xCortex-A53	Armv8-A	2018
Pi 3 A+	4xCortex-A53	Armv8-A	2018
Pi 4 B	4xCortex-A72	Armv8-A	2019[②]

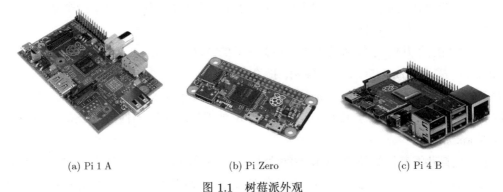

(a) Pi 1 A　　　　　　(b) Pi Zero　　　　　　(c) Pi 4 B

图 1.1　树莓派外观

① 2017 年推出带 WiFi 的版本。

② Pi 4 有多种板载内存配置。2019 年刚推出时有 1GB、2GB、4GB 三个版本, 2020 年 5 月推出 8GB 版本。

2020 年 12 月, 树莓派发布了装在键盘里的计算机 Pi 400 (见图 1.2), 它是在 Pi 4 的基础上包装了一个键盘, 只要外接一个显示器就是一台完整的计算机。

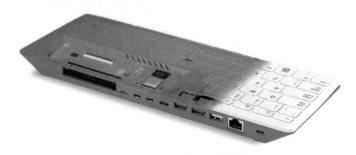

图 1.2　Pi 400 (键盘里的计算机)

到 2019 年底, 各种型号的树莓派已累计售出 3000 万件。由于树莓派的成功, 其他一些计算机开发商也仿照树莓派开发了类似的卡片式计算机产品 (见图 1.3)。

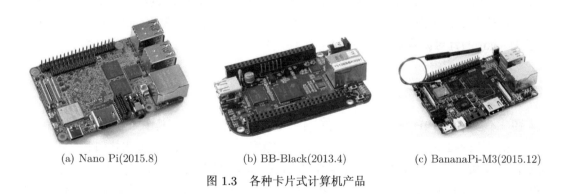

(a) Nano Pi(2015.8)　　　　(b) BB-Black(2013.4)　　　　(c) BananaPi-M3(2015.12)

图 1.3　各种卡片式计算机产品

树莓派这类计算机结构简单、体积小、耗电低, 却拥有与普通计算机几乎相同的功能和性能, 可以很方便地植入各种应用系统中。这种具有计算机的基本结构但又不具备普通计算机形态的计算机, 业界称为 "嵌入式系统"。所谓的 "嵌入式" 是指它是嵌在产品中的, 是面向产品的专用计算机。人们看到的只是产品本身, 看不到计算机。目前大部分的计算机产品都属于嵌入式计算机。嵌入式系统广泛应用于工业控制、机电、航天、通信、环境监测、汽车电子、家用电器等各种使用微处理器系统的环境。

1.1.1　核心处理器

计算机系统的硬件核心是 CPU (Central Processing Unit, 中央处理器)。对于通用计算机来说, CPU 是一个独立的芯片, 大家所熟知的个人计算机中的 Intel 或 AMD 的处理器皆如此。CPU 还需要配合其他外设 (如中断控制器、I/O 接口、总线、存储器等) 才能组成一个计算机系统。但对于嵌入式处理器来说就是另一回事了。嵌入式处理器中, 除了 CPU 以外, 本身就已经包含了系统所需要的各种片内接口和存储器, 其中最具技术含量的 就是 CPU。嵌入式处理器的 CPU 又被称作内核 (core)。目前比较著名的嵌入式内核包括 Arm、MIPS、PowerPC 等。

所有树莓派的处理器都使用博通的 SoC (System on Chip) BCM283X 系列, 该处理器 属于 Arm 体系结构。前期的处理器是 32 位的, 树莓派第三代和第四代处理器是 64 位的核 心架构 (Cortex-A53 和 Cortex-A72)。

1.1.2　树莓派操作系统

与通用计算机一样, 嵌入式计算机也是由硬件和软件构成的。软件中最重要的就是操作 系统核心。根据树莓派官方网站 **https://www.raspberrypi.org** 提供的信息, 树莓派支持 Android、FreeBSD、OpenBSD (BSD UNIX 的变种)、Plan 9 (源于 Bell 实验室的 UNIX 分布式操作系统)、Windows 10 Iot Core、RISC OS, 以及多种 Linux 发行版。大多数树莓 派应用都基于 Linux 操作系统内核, 官网提供的 Linux 发行版名为 Raspberry Pi OS, 它是 基于 Debian 的针对树莓派的定制版本。

1.1.3　树莓派接口

图 1.4是树莓派 4B 正面布局。它有 4 个 USB 主控制接口 (其中 2 个是 USB 3.0)、1 个 RJ45 有线网接口、耳机音频输出插口、2 个微型高清视频 HDMI 输出接口和一组 20×2 的 GPIO 引脚。板上的 CSI (Camera Serial Interface, 摄像头串行接口) 用于连接摄像头、 DSI (Display Serial Interface, 显示器串行接口) 可以连接显示设备。树莓派本身不带音频 输入接口, 但可以通过 I2S (Inter-IC Sound, 又写作 IIS) 接 A/D 转换器或 USB 声卡等设 备实现音频输入。系统使用 USB Type C 接口供电。4 代之前的 B 型板上只有一个标准的 HDMI 输出, 4 个 USB 2.0 接口, 供电通过 microUSB。对于不同型号, 其某些接口的位置 也会有所不同。

1.2　开发工具

由于目标系统是 Linux 操作系统, 因此本书所有开发过程均在 Linux 操作系统上完成, PC 开发环境是 Ubuntu/x86-64。大多数针对 Linux 的开发工具在 Linux 平台上都可以很 方便地获得, 而且在开发过程中, 使用相同的操作系统, PC 和目标平台可以比较方便地对 照操作。

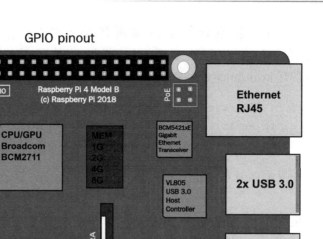

图 1.4　树莓派 4B 接口

　　原则上说, 使用 Linux 的任何发行版, 甚至是在其他操作系统中的 Linux 虚拟机, 本书所涉及的方法依然有效, 只是不同 Linux 发行版的开发工具安装会有一些差别。

1.2.1　编译工具

　　由于树莓派 4B 的处理器采用的是 Cortex-A 架构, 使用 Arm 指令集, 与 PC 的 x86 处理器使用的指令集完全不同。因此 PC 的编译工具不能直接用于开发树莓派的软件, 需要另外安装一套针对 Arm 的编译工具。在 PC 上安装的这组工具被称为 "交叉编译工具链", 或简称 "交叉编译器"。Arm 交叉编译器可以在 PC 上用源码编译生成, 也可以通过软件仓库直接安装二进制程序。源码编译安装过程比较烦琐, 如无特殊要求, 可以通过包管理器安装二进制程序。Debian 或 Ubuntu 系统可以通过下面的命令安装交叉编译工具:

```
# apt-get install g++-arm-linux-gnueabihf
```

在命令行操作中, 提示符 "#" 表示超级用户权限, "$" 表示普通用户权限。在本书中, PC 端的命令用这两个不同的提示符来严格区分这两类用户。获取超级用户的权限可以通过 sudo 命令, 也可以用 su 命令直接切换到超级用户。在 PC 上, 各人有自己的使用习惯, 本书对此也不再区分, 仅以提示符 "#" 表示。而在树莓派个人应用系统上, 为了提高效率, 在没有特别要求的情况下, 一般都以超级用户的身份操作。

依照依赖关系, 包管理器会安装所有 Arm 架构的 g++ 的基础包, 包括 Arm 版本的 binutils 和 glibc 。为了简化以后的命令操作, 安装后, 建议到安装路径下 (一般是 /usr/bin) 将所有带有 arm-linux-gnueabihf- 前缀的命令进行 arm-linux- 前缀的链接, 命令操作如下:

```
# for f in $(ls arm-linux-gnueabihf-*); \
    do ln -s $f $(echo $f|sed "s/gnueabihf-//"); \
    done
```

之后在交叉编译时不需要用 arm-linux-gnueabihf-gcc 这么长的命令, 只需输入 arm-linux-gcc 即可。

如果按 64 位 Arm 指令集 Armv8-A 编译, 则需要安装 aarch64-linux-gnu 编译工具链:

```
# apt-get install g++-aarch64-linux-gnu
```

按类似的方法, 进行一组 aarch64-linux- 前缀的链接。

本书以树莓派 4B 为研究对象。由于树莓派 4B 的处理器同时支持 32 位和 64 位指令集, 为了更大限度地发挥系统性能, 采用 64 位指令集, 交叉编译器也使用 aarch64-linux-前缀。

理论上说, 也可以将编译器直接安装在树莓派系统上。构建针对目标系统的编译环境将在第 5 章介绍。但由于树莓派资源有限, 性能也不及 PC, 不适宜大批量的软件编译, 而且最初阶段的移植也必须在 PC 上编译。对于有明确应用背景的嵌入式系统来说, 在目标系统上安装开发环境的意义也不大。

1.2.2 调试接口

树莓派提供串口调试功能。在基本系统安装阶段, 开发人员可以用串口调试器连接到树莓派上, 用于系统监控。目前多数 PC 已没有专用的 RS–232 串口, 图 1.5(b) 是一种 USB–232 的适配器 (转接器), 可作为调试器。在 PC 上, 可以使用 minicom或screen命令进行串口调试, 这里推荐使用 minicom。监控设备文件是 /dev/ttyUSBx。设备文件名中的数字序号可能会有变化, 可用命令 dmesg检查插入的 USB–232 适配器生成的设备文件名, 例如:

```
$ dmesg | tail
...
[ 1930.183656 ] usbcore: registered new interface driver pl2303
[ 1930.183664 ] usbserial: USB Serial support registered for pl2303
[ 1930.183673 ] pl2303 1-5:1.0: pl2303 converter detected
[ 1930.184225 ] usb 1-5: pl2303 converter now attached to ttyUSB0
```

不同型号的串口适配器可能会有不同的显示。当操作系统正常启动, 完成网络安装配置之后, 还可以使用网络方式连接树莓派。

(a) 树莓派调试接口

(b) USB-232 适配器

图 1.5 实验系统连接示意图

串口数据发送端标记为 TxD, 接收端标记为 RxD。图 1.5 中, 将调试器的 TxD、RxD 与树莓派的 RxD (pin 10)、TxD (pin 8) 对接, 即一方的发送端连到对方的接收端, 地线连到树莓派的 GND (pin 6)。树莓派通过专门的线路供电, 串口适配器的 +5V 不用连接。

在 PC 上, 设备文件 /dev/ttyUSBx 属于 dialout 组。为避免 minicom 频繁越权操作, 建议将开发者个人用户加入 dialout 组。可以使用如下的 adduser 命令 (这里假设开发者用户名为 user):

```
# adduser user dialout
```

也可以直接用文本编辑器编辑 /etc/group 文件, 在 dialout 行上添加 user 用户。添加的组员权限在下一次登录后生效。

minicom 的选项中包含了指定设备和参数的内容, 为简化操作, 首次使用 minicom 时, 用带有 -s 的选项启动, 以便于直接打开串口配置界面:

```
$ minicom -s
```

在串口设置功能中 (serial port setup), 按图 1.6 设置串口设备 (/dev/ttyUSB0)、格式 (115200 8N1, 波特率 115200b/s, 数据位 8 位, 无校验, 1 个停止位)。波特率和格式是由 Bootloader 和内核决定的, 使用串口与其他设备连接时, 这些参数应根据调试对象的要求设置。

设置好波特率、数据位、停止位、校验方式后, 选择 Save setup as dfl 保存设置参数, 再回到 minicom 主界面。以后再启动 minicom 时, 如果不改变通信参数, 不再需要 -s 选项。

```
+----------------------------------------------------------+
| A -    Serial Device       : /dev/ttyUSB0               |
| B - Lockfile Location      : /var/lock                  |
| C -    Callin Program      :                            |
| D -  Callout Program       :                            |
| E -     Bps/Par/Bits       : 115200 8N1                 |
| F - Hardware Flow Control : No                          |
| G - Software Flow Control : No                          |
|                                                          |
|    Change which setting?                                |
+--------------------------+-------------------------------+
           | Screen and keyboard      |
           | Save setup as dfl        |
           | Save setup as..          |
           | Exit                     |
           | Exit from Minicom        |
           +--------------------------+
```

图 1.6   设置串口参数

1.3   树莓派的外存储器

树莓派没有板载的只读存储器 (Read Only Memory, ROM), 软件需要安装在 microSD 卡上。为了方便软件管理, microSD 卡一般可以分成两个分区: 第一个分区安装引导器、内核映像; 第二个分区安装操作系统。当选择 Linux 操作系统时, 第一个分区格式化成 VFATFS (以下称 BOOT 分区), 第二个分区作为 Linux 的根文件系统, 必须支持 inode。Linux 支持的文件系统很多, 如 Ext2/Ext3/Ext4FS文件系统、ReiserFS 文件系统、YAFFS 文件系统等。本书中统一使用 Ext4FS (以下称 Ext4 分区)。

1.3.1   SD 卡分区

将 microSD 卡插入 PC, 使用 fdisk命令的-l 选项, 可以看到当前所有磁盘的分区情况:

```
# fdisk -l
...
Disk /dev/mmcblk0: 3648 MB, 3825205248 bytes, 7471104 sectors
116736 cylinders, 4 heads, 16 sectors/track
Units: cylinders of 64 * 512 = 32768 bytes


Device          StartLBA    EndLBA    Sectors  Size Id Type
/dev/mmcblk0p1      2048    198655     196608 96.0M  e Win95 FAT16
/dev/mmcblk0p2    198656   7471103    7272448 3551M 83 Linux
```

一些笔记本带有 SD 卡插槽。通过 SD 适配器 [见图 1.7(a)] 插入笔记本电脑的 microSD 卡会被识别为 MMC 设备, 设备文件是/dev/mmcblk0 (也可能是/dev/mmcblk1); 如果通过 USB 读卡器转接 (见图 1.7(b)), 设备文件名可能是 /dev/sdb 或 /dev/sdc, 取决于内核对设备的识别情况。操作时务必认清操作对象, 因为此时使用了超级用户权限, 错误的操作将可能导致 PC 系统软件故障。上面操作的是一个 4GB 的 SD 卡 (因计算方法问题, 实际显示的是 3684MB), 目前有两个分区, 第一分区 96MB、FAT16 格式 (分区格式 Id ①为 e), 剩余空间分给第二分区, Linux 格式 (分区格式 Id 为 83)。在本书讨论的系统设计中, 所有软件安装后可控制在 4GB 以内。如果使用 16GB 的 microSD 卡进行开发, 则基本可以不用操心存储空间问题。

(a) 转换到 SD 卡插槽　　　　(b) 转换到 USB 接口

图 1.7　microSD 卡适配器

用不带选项的 fdisk命令进入分区操作环境:

```
# fdisk /dev/mmcblk0
```

首先使用 fdisk 的 d 命令删除原有的分区, 再使用n 命令创建两个新的分区。未经压缩的 Linux 内核映像大小约 20MB, 再考虑 Bootloader的占用, 第一分区可留出 256MB, 剩余部分留给第二分区。然后使用 w 命令将分区表写入 SD 卡, 保存分区划分方式, 退出 fdisk 环境。

再使用 mkfs命令分别对这两个分区格式化:

```
# mkfs.vfat /dev/mmcblk0p1
# mkfs.ext4 /dev/mmcblk0p2
```

拔出 SD 卡再重新插入, 如果 PC 识别出两个磁盘分区, 表示以上分区无误。

1.3.2　Bootloader

Bootloader (引导加载器) 的目的是加载操作系统内核, 向内核传递参数, 加载根文件系统, 引导操作系统运行。Bootloader 还负责核心软件的升级。一旦操作系统启动, Bootloader

___
① 分区格式 Id 是用于标记不同分区上文件系统格式的一个字节数字。

的任务便暂告终结，直到系统重启。

树莓派的 Bootloader没有开放源代码，但二进制代码允许免费获得。二进制代码在 https://www.github.com/raspberrypi/firmware/下。使用时，只需要将这个项目下的 boot 目录中的内容复制到 microSD 卡的 BOOT 分区。其中的.dtb 文件和 overlays 目录中的.dtbo 文件在编译内核时生成，可以将相应的文件进行替换。kernel*.img 是内核映像文件，其编译过程将在后面介绍。重要的配置文件有两个：config.txt 和 cmdline.txt (文本文件)。

config.txt 用于设置系统时钟、GPU内存分配、显示器设置、内核引导方式等。其中与内核启动相关的设置如下：

```
initramfs initramfs.gz followkernel
kernel kernel8.img
cmdline cmdline.txt
device_tree=bcm2711-rpi-4-b.dtb
```

它表明内核映像文件是 kernel8.img，内核启动的命令行信息写在 cmdline.txt 文件中，以 initramfs.gz 作为初始化 RAMDisk 根文件系统，设备树文件是 bcm2711-rpi-4-b.dtb。device_tree 项的设置不是必需的，Bootloader 会根据硬件平台选择相应的设备树文件。

Bootloader 向内核传递的启动参数写在 cmdline.txt 文件中，一般会传递下面的参数:[1]

```
console=tty1 console=ttyAMA0,115200 kgdboc=ttyAMA0,115200 \
root=/dev/mmcblk0p2 rootfstype=ext4 elevator=deadline \
fsck.repair=yes rootwait
```

以上设置了本机显示器终端 tty1 和串口终端 ttyAMA0、根文件系统和类型。顾名思义，cmdline 是传递给内核的命令行参数，它必须写在一行。下面在向该文件添加内容时也不能无续行符换行。

从 Bootloader向 Linux 内核传递的参数通过 PROCFS 文件系统传到 /proc/cmdline 文件中，内核启动的初始化脚本会读取这些参数，根据这些参数确定系统的行为。

1.4 Linux 内核

树莓派支持多种操作系统，其中以 Linux 操作系统最为典型。Android 操作系统同样也基于 Linux 内核。本系统的构建从移植 Linux 内核开始。

---

① 反斜线 "\" 是 Shell 命令行的续行符。命令行可以接受很长的字符，实际操作中多数情况无须换行。因为书籍版面的限制，这里把参数分多行打印。后面 Shell 脚本或编译配置命令时同样情况，不再一一说明。

1.4.1　获取内核源码

Linux 通用内核维护网址是 `https://www.kernel.org`。树莓派内核源码托管在 `https://www.github.com/raspberrypi/linux`, 它是通用的 Linux 内核的一个分支。从树莓派专门维护的网站获取的源码更新更快, 针对树莓派的支持更加明确。可以用下面的命令将整个内核项目克隆到本机:

```
$ git clone https://www.github.com/raspberrypi/linux
```

然后检测出中意的版本:

```
$ cd linux
$ git checkout rpi-5.4.y
```

克隆项目的优点是不仅可以随意在不同版本之间进行切换, 而且当上游代码更新时, 本地只要 `git pull` 命令就可以将源码与上游代码同步, pull 的下载量很小; 克隆项目的缺点是由于代码仓库记录了全部的开发过程, 首次克隆整个仓库的代码量太大。如果只需要在某个特定的版本上编译, 可以使用 github 的网页下载功能 (见图 1.8), 仅下载某个版本的压缩包, 然后在本地解压。

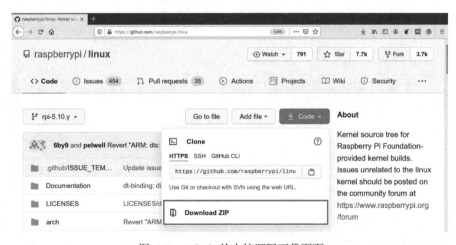

图 1.8　github 的内核源码下载页面

1.4.2　配置和编译内核

Arm64 的默认配置文件在 arch/arm64/configs/ 目录下, 针对树莓派 4B 预制的配置文件是 bcm2711_defconfig, 如果是移植树莓派 3, 可使用文件 bcmrpi3_defconfig 作为配置

的起点。在内核源码主目录下执行下面的命令,可以将预制的配置复制到.config 文件:

```
$ ARCH=arm64 make bcm2711_defconfig
```

以后即以此为起点开始配置内核的选项。配置内核的过程实际上就是编辑.config 文件。由于很多选项已在预制的配置文件中预先设好,从这个起点开始,可以大大简化后面的配置工作。

接着,打开配置界面:

```
$ ARCH=arm64 make menuconfig
```

make menuconfig 将打开一个配置菜单界面。菜单中的每一项,有 "y" "m" "n" 三种选择,分别对应 "将该功能编入内核" "编译成模块" "不编译该功能",在菜单项前面分别用 "*" "M" "空" 作为标记。操作时将光标移动到对应的菜单项,用键盘按键 "y" "m" "n" 对该选项进行操作。选择编入内核时,该功能成为内核的一部分,内核启动后,该功能始终存在;如果选择编译成模块,则会在后面的编译中生成独立的模块 (或驱动),可动态地加载或卸载;不编译该功能,意味着内核无此功能。图 1.9是其中一个配置界面。

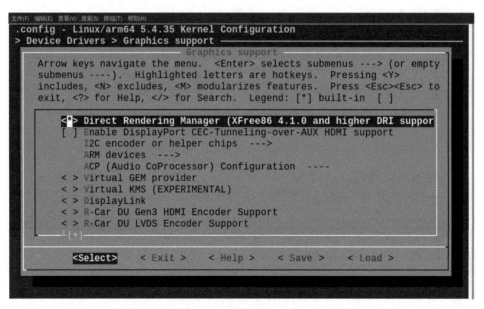

图 1.9　内核配置界面

在有 Qt 或 GTK+ 图形库支持时,还可以使用make xconfig 或make gconfig 方式使用图形化界面配置内核。图 1.10是xconfig 配置界面。

为了系统精简,运行便利,下面是一些针对树莓派 4B 的取舍。

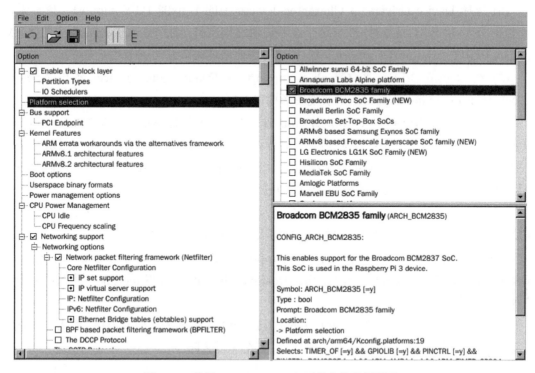

图 1.10　使用 make xconfig 打开的内核配置界面

(1) 在 General setup 菜单下, 将 Initial RAM filesystem and RAM disk support 编入内核, 并选择下面的一种压缩格式, 用于支持初始化 RAM 文件系统或 RAMDisk; 选择的压缩格式是后面制作 RAMDisk 使用的压缩命令的依据。

(2) 在 Platform selection 菜单下, 保留 Broadcom BCM2835 family, 其余选项均可去掉。

(3) 在 Device Drivers 菜单下, 选中 Maintain a devtmpfs filesystem 及其子菜单 Automount devtmpfs at /dev。此功能支持在系统启动时自动创建设备文件。

(4) 在 Device Drivers → Block devices 菜单下, 将 RAM block device support 编入内核, RAMDisk 需要这个选项支持。

(5) 在 Device Drivers → Network device support → Ethernet driver support 菜单下, 保留 Broadcom GENET internal MAC support, 这是树莓派 4B 的有线网卡支持项; 其他型号的树莓派网卡有所不同, 2B 和 3B 系列的网卡在 USB Network Adapters 项目下, 型号是 SMSC LAN75XX/LAN95XX。不同型号的板卡, 应根据网卡具体型号进行取舍。多余的选项通常不会导致错误, 但不符合精简原则。无线网卡在 Wireless LAN 子菜单下, 选择 Broadcom FullMAC WLAN driver。

(6) 选择 Device Drivers → Character devices 中的 Unix98 PTY support。树莓派作为 TELNET 和 SSH 服务时，需要这个选项提供终端支持; 选择 Serial drivers 中的 ARM AMBA PL011 serial port support, 串口调试器需要通过树莓派的这个功能支持。

(7) 在 Device Drivers → Graphics support → Frame buffer devices 菜单下, 选中 BCM2708 framebuffer support, 以实现图形接口支持。

(8) 在 Device Drivers → Graphics support 菜单下, 注意 Broadcom V3D 3.x and newer 和 Broadcom VC4 Graphics 选项, 前者是树莓派 4 代的 GPU支持, 后者是树莓派系列 3 代之前的 GPU 支持。可以将它编译成模块, 也可编译进内核。如果编译成模块, 还需要在系统启动后加载模块, 否则图形方式只能通过 Frame buffer 支持。

(9) 选中 Device Drivers → Staging drivers → Broadcom VideoCore support 菜单下的模块, 这是内核与 GPU的接口, 音频和视频的很多功能通过它完成。

(10) 在 Device Drivers → Sound card support → Advanced Linux Sound Architecture 菜单下, 选中 SoC Audio support for the Broadcom BCM2835 I2S module。此选项用于支持耳机接口的音频输出。

(11) 将 File systems 下的 The Extended 4 (ext4) filesystem 编入内核, 其他文件系统视需求而定, 可编译成模块, 也可编译进内核, 甚至可以去除。

以上选项只考虑树莓派本身, 不考虑其他外接设备。缺省配置中包含了大量的模块和外设。出于精简系统的目的, 同时也是为了节省编译时间, 可以考虑将这些用不到的设备移出内核。

完成配置修改后, 保存并退出配置界面, 配置文件.config 会得到更新。注意备份这个文件, 以便以后修改配置。下面的代码编译内核、模块, 并将模块安装[①]到指定的目录:

```
$ ARCH=arm64 CROSS_COMPILE=aarch64-linux- make -j8
$ ARCH=arm64 CROSS_COMPILE=aarch64-linux- make modules
$ ARCH=arm64 CROSS_COMPILE=aarch64-linux- make modules_install INSTALL_MOD_PATH=/home
    ↪ /devel/kmod
```

"-j" 是 GNU Make 的选项, 表示多个线程同时工作, 在多核处理器上可以大大加快编译速度。选取的数字与开发平台的处理器核数有关。处理器核的详细信息可以通过文件 /proc/cpuinfo 查看, 也可以用命令 **nproc** 直接得到核数。后面编译软件的 make命令都可以使用这个选项加快编译速度, 不再专门写出。

make 命令编译内核映像文件 arch/arm64/boot/Image, 所有在配置过程中被设定为模块的项目将通过 **make modules** 编译成模块.ko 文件, 这些.ko 文件通过 **make**

---

① 交叉编译时, 执行 make install 时的 "安装" 只是将需要安装到目标系统的文件复制到 PC 的指定目录。这些文件不是本机使用的, 与通常所说的软件安装概念不一样, 无须按目录结构标准存放文件。

modules_install 集中复制到指定目录/home/devel/kmod/ (需要保证用户对/home/devel/目录有写权限)。编译内核映像文件的同时也生成了二进制设备树文件, 这些文件在 arch/arm64/boot/dts/broadcom (dtb 文件) 和 arch/arm/boot/dts/overlays (dtbo 文件) 目录中。

对以上文件的处理方法如下:

(1) 内核映像文件 Image 复制到 microSD 卡的 BOOT 分区, 重命名为 kernel8.img, 它对应 config.txt 文件中的 kernel 参数;

(2) 将 broadcom 目录中针对硬件平台的设备树文件 bcm2711-rpi-4-b.dtb 复制到 microSD 卡的 BOOT 分区根目录;

(3) 将 overlays 目录中的设备树文件 (*.dtbo) 复制到 microSD 卡 BOOT 分区的 overlays 子目录;

(4) 将 /home/devel/kmod/lib/modules 目录下的内核模块目录复制到树莓派 Ext4 分区的 /lib/modules 目录。

1.5　根文件系统

根文件系统是内核启动过程中挂载的第一个文件系统, 除了起到普通文件系统的作用以外, 其他文件系统也必须依赖它才能挂载。根文件系统必须包含 Linux 操作系统的基本命令和配置文件, 它们在系统启动过程中发挥作用。这里设计的根文件系统以 BusyBox为基础。

1.5.1　编译 BusyBox

BusyBox 是一个嵌入式 Linux 的基本工具包, 最初是为 Debian 发行版而设计, 以 GPLv2 版权协议发布。它集成了上百个 Linux 操作系统的基本命令, 可以根据具体应用的要求进行合理剪裁, 以控制软件规模, 素有 "嵌入式 Linux 的瑞士军刀" 之称, 在嵌入式 Linux 系统中广受欢迎。

下面的命令从 BusyBox 的 GIT 源获取最新的源码:

```
$ git clone git://busybox.net/busybox
```

也可以从 https://www.busybox.net/downloads 下载指定版本的源码压缩包进行解压。

进入下载目录 (或解压目录), 执行 make menuconfig, 出现 BusyBox 的配置界面 (见图 1.11)。

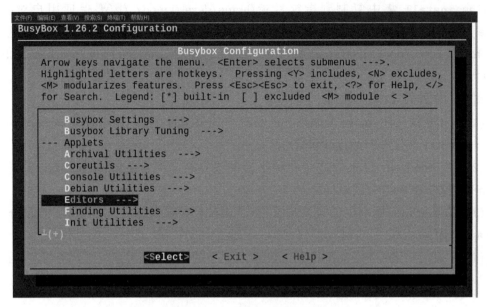

图 1.11　BusyBox 配置界面

　　BusyBox 的配置方法与配置内核类似。根据系统规模和实际需要, 选择有用的功能, 去掉用不到的命令 (有些命令可以通过其他软件获得, 功能更完备)。配置完成后, 在命令行指定交叉编译器, 用下面的命令编译:

```
$ CROSS_COMPILE=aarch64-linux- make
...
  LINK     busybox_unstripped
Trying libraries: crypt m
 Library crypt is not needed, excluding it
 Library m is needed, can't exclude it (yet)
 Final link with: m
```

注意最后的提示, 它表示最后生成的可执行程序 BusyBox 链接了共享库[①]libm, 移植 BusyBox 时要连同 libm.so.6 一起复制到目标系统。

　　用下面的命令安装:

```
$ CROSS_COMPILE=aarch64-linux- make install
```

BusyBox 默认设置的安装目录是 _install, 安装后该目录下面会有 bin、sbin、usr/bin、usr/sbin 几个子目录, 大量 Linux 的基本命令就分散在这些子目录中, 它们都是指向

---

　　① Linux 系统中, 共享库也叫动态库或动态链接库。

bin/busybox 的符号链接。这些子目录和文件是下面制作文件系统的基础。

在 BusyBox Settings 的 Build Options 选项中, 如果没有选中 Build BusyBox as a static binary, 即表示是以动态链接的方式编译的, 编译后需要把 GLibc 中的几个共享库以及它们的符号链接复制到目标系统的 /lib 和 /lib64 目录中。这里借助 BusyBox 的安装目录 _install, 将共享库复制在这个目录下。必须复制的库有下面几个, 按如下目录结构组织 (版本号取决于交叉编译器提供的 GLibc 的版本):

```
_install/
|-- bin/
|-- sbin/
|-- lib/
|    `-- ld-linux-aarch64.so.1 -> ../lib64/ld-2.31.so
`-- lib64/
    |-- ld-2.31.so
    |-- libc-2.31.so
    |-- libc.so.6 -> libc-2.31.so
    |-- libcrypt-2.31.so
    |-- libcrypt.so.1 -> libcrypt-2.31.so
    |-- libm-2.31.so
    |-- libm.so.6 -> libm-2.31.so
    `-- ...
```

上面的 ld-2.31.so、libc-2.31.so、libcrypt-2.31.so、libm-2.31.so 等均来自交叉编译工具, 下面是制作链接的过程。

在 _install 目录下执行:

```
$ cd lib
$ ln -s ../lib64/ld-2.31.so ld-linux-aarch64.so.1
$ cd ../lib64
$ ln -s libc-2.31.so libc.so.6
$ ln -s libm-2.31.so libm.so.6
$ ln -s libcrypt-2.31.so libcrypt.so.1
$ ...
```

并非 BusyBox中的所有命令都会用到数学函数库 libm 和加密算法库 libcrypt。Busy-Box 编译后会给出提示是否用到除 libc 以外的库。作为初始化 RAMDisk, 应尽可能精简; 如果运行完整的文件系统, 建议把 GLibc 的所有共享库及它们的链接都复制到目标系统 /lib 和 /lib64 目录 (32 位系统不使用 lib64 目录, 所有库文件都在 lib 目录中)。因为这些库即使不被 BusyBox 用到, 也会被以后移植的其他软件用到。此外, 用**aarch64-linux-strip** 命令去掉共享库中的导出符号, 可以大幅度缩减它们的体积。程序和共享库中的符号主要用于代码分析和调试, 正常运行的程序不会用到。

1.5.2　初始化 RAMDisk

　　Linux 系统的根文件系统可以直接来自只读存储设备, 也可以由随机存储器 (RAM) 构成。这里的只读存储设备指的是磁盘分区或者闪存 (Flash) 这类的存储器, 并非严格意义的 "只读"。一些小型嵌入式设备倾向于使用随机存储器按磁盘文件系统的形式做成 RAMDisk, 作为根文件系统。因为 RAMDisk 直接在内存中运行, 速度很快, 并且没有物理损耗, 不像 Flash 那样有擦写次数的限制。其缺点是不能长久保存数据, 一旦断电, 则数据全部丢失, 必须要设计其他保存数据的方法。

　　多数 Linux 使用一个初始化 RAMDisk作为操作系统的引导, 它通常只做一些非常基础的工作, 比如加载根文件系统所需要的驱动, 并根据 Bootloader 提供的参数挂载实际运行的根文件系统, 最后通过 `switch_root` 切换到实际根文件系统。这种方式便于系统升级, 同时对提高系统的可靠性也有一定的帮助, 不至于在系统软件被破坏时无法启动。

　　在 PC 上构造下面的目录和文件结构, 它们是树莓派的初始化 RAMDisk 的基础。

```
ramdisk/
|-- bin/
|   |-- [ -> busybox
|   |-- [[ -> busybox
|   |-- awk -> busybox
|   |-- base64 -> busybox
|   |-- basename -> busybox
|   |-- busybox
|   |-- cat -> busybox
|   |-- ...
|   `-- umount -> busybox
|
|-- dev/                         (空目录)
|-- init                         (初始化脚本, 可执行文件)
|
|-- sbin/
|   |-- fbset -> ../bin/busybox
|   |-- reboot -> ../bin/busybox
|   `-- switch_root ../bin/busybox
|
|-- lib/
|   `-- ld-linux-aarch64.so.1 -> ../lib64/ld-2.31.so
|
|-- lib64/
|   |-- ld-2.31.so
|   |-- libc-2.31.so
|   |-- libc.so.6 -> libc-2.31.so
|   |-- libcrypt-2.31.so
|   |-- libcrypt.so.1 -> libcrypt-2.31.so
```

```
|     |-- libm-2.31.so
|     `-- libm.so.6 -> libm-2.31.so
|
|-- proc/                        (空目录)
|
|-- splash/
|     `-- splash.png             (启动画面, 可选)
|
|-- sys/                         (空目录)
`-- sysroot/                     (空目录)
```

内核支持初始化 RAM 文件系统和 RAMDisk[①]的选项在 General setup 主菜单下, 注意在配置内核时将此项支持编入内核, 并选择一个压缩格式, 之后制作文件系统时使用对应的格式压缩。压缩的目的是减少对 BOOT 分区的占用。

将之前编译的 BusyBox 及所需的共享库复制到 bin、sbin、lib 和 lib64 目录。制作初始化 RAMDisk, BusyBox应尽可能简化, 只需要保留脚本程序 init 中用到的命令, 以减少 RAMDisk占用空间。多余的选项并不影响功能, 只是制作的映像文件较大。dev、proc、sys 几个空目录用于挂载相应的伪文件系统 DEVTMPFS、PROCFS 和 SYSFS。sysroot 用于挂载系统运行的根文件系统。伪文件系统 (pseudo filesystem) 是 Linux 操作系统支持的一类文件系统, 它将内核的信息以目录和文件的形式展示在用户空间, 并允许用户通过这些文件与内核交换信息。伪文件系统在内存中实现。

在内核源文件 init/main.c 中, 内核启动函数 kernel_init() 规划如下:

```
1    if (ramdisk_execute_command) {
2        ret = run_init_process(ramdisk_execute_command);
3        if (!ret)
4            return 0;
5        pr_err("Failed to execute %s (error %d)\n",
6            ramdisk_execute_command, ret);
7    }
8    ...
9    ...
10   if (execute_command) {
11       ret = run_init_process(execute_command);
12       if (!ret)
13           return 0;
14       panic("Requested init %s failed (error %d).",
15           execute_command, ret);
16   }
```

---

① 初始化 RAM 文件系统 (initramfs) 和初始化 RAM Disk (initrd) 是两种不同的结构。前者在内存中模拟一个文件系统, 它通常是一个文件系统映像; 后者不需要做成文件系统, 而是通过 cpio 命令做成一个带有目录结构的文件。

```
17      if (!try_to_run_init_process("/sbin/init") ||
18          !try_to_run_init_process("/etc/init") ||
19          !try_to_run_init_process("/bin/init") ||
20          !try_to_run_init_process("/bin/sh"))
21              return 0;
22
23      panic("No working init found. Try passing init= option to kernel. "
24          "See Linux Documentation/admin-guide/init.rst for guidance.");
```

在以上程序的最后部分是当 Bootloader 传递了 init 参数时的启动过程, 它逐一尝试运行
/sbin/init、/etc/init、/bin/init 和 /bin/sh。其中如果有一个运行成功, 则内核启动
成功, 操作系统 1 号进程开始进入操作系统正常工作状态; 第一段则是 RAMDisk方式的启
动过程, 其中的字符串指针 ramdisk_execute_command 指向 /init。这个程序是留给开发
者自己设计系统的初始化过程, 它也可以用脚本程序实现。程序清单 1.1就是一种初始化脚
本的设计方案。需要注意的是, 它应该是一个可执行文件。文本编辑器保存脚本文件时默认
是没有可执行属性的, 需要通过 chmod +x init 命令使其能够执行。

程序清单 1.1　初始化脚本 init

```
1 #!/bin/sh
2
3 progress() {
4   if test "$PROGRESS" = "yes"; then
5     echo "### $1 ###"
6   fi
7 }
8
9 debug_shell() {
10   echo "### Starting debugging shell... type  exit  to quit ###"
11
12   # show cursor
13   echo 0 > /sys/devices/virtual/graphics/fbcon/cursor_blink
14
15   sh </dev/tty1 >/dev/tty1 2>&1
16 }
17
18 error() {
19   # 显示致命错误信息
20   # $1: 导致错误的动作 , $2: 信息文字
21   echo "*** Error in $BOOT_STEP: $1: $2 ***"
```

```
22    debug_shell
23  }
24
25  break_after() {
26    # 引导步骤 $1 后启动调试终端 (debug shell)
27    case $BREAK in
28      all|*$1*)
29        debug_shell
30        ;;
31    esac
32  }
33
34  # 挂载文件系统入口
35  # 所有挂载函数接收如下参数:
36  # $1: 目标系统，$2: 挂载点，$3: 选项，[$4: 文件系统类型]
37
38  mount_common() {
39    # 通用挂载处理句柄，处理块设备或文件系统映像
40    MOUNT_OPTIONS="-o $3"
41    [ -n "$4" ] && MOUNT_OPTIONS="-t $4 $MOUNT_OPTIONS"
42
43    for i in 1 2 3 4 5 6 7 8 9 10 11 12 13 14 15; do
44      ERR_ENV=1
45
46      mount $MOUNT_OPTIONS $1 $2 >&$SILENT_OUT 2>&1
47      [ "$?" -eq "0" ] && ERR_ENV=0 && break
48
49      usleep 1000000
50    done
51    [ "$ERR_ENV" -ne "0" ] && error "mount_common" "Could not mount $1"
52  }
53
54  mount_nfs() {
55    # Mount NFS export
56    NFS_EXPORT="${1%%,*}"
57    NFS_OPTIONS="${1#*,}"
58
59    [ "$NFS_OPTIONS" = "$1" ] && NFS_OPTIONS=
60
```

```
61   mount_common "$NFS_EXPORT" "$2" \
62       "$3,nolock,soft,timeo=3,retrans=2,rsize=32768,\
63       wsize=32768,$NFS_OPTIONS" \
64       "nfs"
65 }
66
67 mount_ubifs() {
68   mount_common "$1" "$2" "$3" "ubifs"
69 }
70
71 mount_part() {
72   # 挂载本地或网络文件系统
73   # $1: [TYPE=]目标系统，$2: 挂载点，$3: 选项，[$4: 文件系统类型]
74   progress "mount filesystem $1 ..." progress "挂载文件系统$1..."
75
76   MOUNT_TARGET="${1#*=}"
77   case $1 in
78     /dev/ubi*)
79       MOUNT_CMD="mount_ubifs"
80       MOUNT_TARGET="$1"
81       RUN_FSCK="no"
82       ;;
83     LABEL=*|UUID=*|/*)
84       MOUNT_CMD="mount_common"
85       MOUNT_TARGET="$1"
86       ;;
87     NFS=*)
88       MOUNT_CMD="mount_nfs"
89       ;;
90     *)
91       error "mount_part" "Unknown filesystem $1"
92       ;;
93   esac
94   $MOUNT_CMD "$MOUNT_TARGET" "$2" "$3" "$4"
95 }
96
97 load_splash() {
98   if [ ! "$SPLASH" = "no" ]; then
99     progress "Loading bootsplash"
```

```
100      /bin/busybox fbset -g 1024 768 1024 768 32
101      SPLASHIMAGE="/splash/splash.png"
102
103    if [ -e /dev/fb0 ]; then
104      ply-image $SPLASHIMAGE > /dev/null 2>&1
105    fi
106  fi
107 }
108
109 do_reboot() {
110   echo "System reboots now..."
111
112   # 文件系统同步
113     sync
114
115   # 卸载文件系统
116   if /bin/busybox mountpoint -q /flash ; then
117     /bin/busybox umount /flash
118   fi
119
120   usleep 2000000
121   /bin/busybox reboot
122 }
123
124 prepare_sysrootmmc() {
125   progress "Preparing system"
126
127   mount_part $ROOTMMC "/sysroot" "rw"
128 }
129
130 ############ 初始化进程由此开始 ##################
131 # 挂载所有必需的特殊文件系统
132 /bin/busybox mount -t devtmpfs devtmpfs /dev
133 /bin/busybox mount -t proc proc /proc
134 /bin/busybox mount -t sysfs sysfs /sys
135
136 # 设置必要的变量
137
138 BOOT_STEP="start"
```

```
139 RUN_FSCK="yes"
140 RUN_FSCK_DISKS=""
141
142 INSTALLED_MEMORY=`cat /proc/meminfo | grep 'MemTotal:' | awk '{print $2}'`
143
144 LIVE="no"
145
146 # 加载 CPU 固件 (如果有的话)
147 if [ -e /sys/devices/system/cpu/microcode/reload ]; then
148   echo 1 > /sys/devices/system/cpu/microcode/reload
149 fi
150
151 # 隐藏输出到终端的内核日志消息
152 echo '1 4 1 7' > /proc/sys/kernel/printk
153
154 # 设置按CPU主频的按需上限
155 if [ -e /sys/devices/system/cpu/cpufreq/ondemand/up_threshold ] ; then
156   echo 50 > /sys/devices/system/cpu/cpufreq/ondemand/up_threshold
157 fi
158
159 # 如果存在 platform_init 脚本，则运行这个脚本
160 if [ -f "./platform_init" ]; then
161   ./platform_init
162 fi
163
164 # 清屏，光标消隐
165 clear
166 if [ -f /sys/devices/virtual/graphics/fbcon/cursor_blink ] ; then
167   echo 0 > /sys/devices/virtual/graphics/fbcon/cursor_blink
168 fi
169
170 # 以下解析命令行参数
171 for arg in $(cat /proc/cmdline); do
172   case $arg in
173     boot=*)
174       boot="${arg#*=}"
175       case $boot in
176         ISCSI=*|NBD=*|NFS=*)
177           UPDATE_DISABLED=yes
```

```
178          FLASH_NETBOOT=yes
179          ;;
180       /dev/*|LABEL=*|UUID=*)
181          RUN_FSCK_DISKS="$RUN_FSCK_DISKS $boot"
182          ;;
183     esac
184     ;;
185   root=*)
186      ROOTMMC="${arg#*=}"
187      ;;
188   disk=*)
189     disk="${arg#*=}"
190     case $disk in
191       ISCSI=*|NBD=*|NFS=*)
192          STORAGE_NETBOOT=yes
193          ;;
194       /dev/*|LABEL=*|UUID=*)
195          RUN_FSCK_DISKS="$RUN_FSCK_DISKS $disk"
196          ;;
197     esac
198     ;;
199   wol_mac=*)
200     wol_mac="${arg#*=}"
201     ;;
202   wol_wait=*)
203     wol_wait="${arg#*=}"
204     ;;
205   textmode)
206     INIT_UNIT="--unit=textmode.target"
207     ;;
208   installer)
209     INIT_UNIT="--unit=installer.target"
210     ;;
211   debugging)
212     DEBUG=yes
213     ;;
214   progress)
215     PROGRESS=yes
216     INIT_ARGS="$INIT_ARGS --show-status=1"
```

```
217       ;;
218    nofsck)
219      RUN_FSCK=no
220      ;;
221    nosplash)
222      SPLASH=no
223      ;;
224    noram)
225      SYSTEM_TORAM=no
226      ;;
227    live)
228      LIVE=yes
229      ;;
230    break=*)
231      BREAK="${arg#*=}"
232      ;;
233  esac
234 done
235
236 if test "$DEBUG" = "yes"; then
237   exec 3>&1
238 else
239   exec 3>/dev/null
240 fi
241 SILENT_OUT=3
242
243 if [ "${boot%%=*}" = "FILE" ]; then
244   error "check arguments" "boot argument can't be FILE type..."
245 fi
246
247 # 主引导序列
248 for BOOT_STEP in prepare_sysrootmmc; do
249   $BOOT_STEP
250   [ -n "$DEBUG" ] && break_after $BOOT_STEP
251 done
252
253 BOOT_STEP=final
254
255 # 把已挂载的特殊文件系统移到新的目录
```

```
256 /bin/busybox mount --move /dev /sysroot/dev
257 /bin/busybox mount --move /proc /sysroot/proc
258 /bin/busybox mount --move /sys /sysroot/sys
259
260 # 切换新的根文件系统，启动真正的 init 进程
261 exec /bin/busybox switch_root /sysroot /sbin/init
262
263 error "switch_root" "Error in initramfs. Could not switch to new root"
```

程序清单 1.1 中代码第 3~125 行定义了一些函数, 包括消息打印、调试信息打印、错误提示、挂载不同的文件系统、显示启动画面等。第 127~131 行挂载伪文件系统, 这些文件系统是 Linux 运行必需的; 第 143~154 行设置一些内核参数; 第 156~159 行留出一个接口, 插入运行另一个脚本程序 (如果这个脚本文件存在); 第 161~165 行清屏; 第 167~231 行从 /proc/cmdline 文件读取 Bootloader 传递给内核的参数, 并根据这些参数进行相应的处理, 或者设置变量留待后期处理; 第 244~248 行调用第 121 行的 `prepare_sysrootmmc()` 函数挂载可用的文件系统, 对于树莓派来说, 就是在 VFAT 分区 cmdline.txt 文件中由 root 参数指定的设备文件, 将这个设备文件所对应的分区挂载到 sysroot 目录; 第 256~259 行将已挂载的伪文件系统目录 dev、proc、sys 移至 sysroot 对应的目录, 这些目录应该在 SD 卡的 Ext4 分区事先创建; 第 252~258 行将根文件系统切换到 SD 卡的 Ext4 分区, 并运行这个分区的 /sbin/init 程序。如果成功, Linux 系统的第一级初始化即告结束, 进入系统正常运行状态; 否则脚本就会走到最后一行, 输出一个错误提示。

将以上目录结构通过 cpio 命令制作成初始化 RAMDisk 映像文件, 并通过 gzip 压缩。下面是这一操作的命令:

```
$ find . | cpio -H newc -o | gzip > ../initramfs.gz
```

注意新生成的文件 initramfs.gz 不要放在当前目录下, 以免被 find 命令递归。

然后将这个映像文件复制到 VFAT 分区, 通过 config.txt 文件中的参数 initramfs 告诉内核, 这是初始化根文件系统。

如果需要修改这个映像文件, 需要先用下面的命令对它进行解压:

```
$ gunzip -cd ../initramfs.gz | cpio -i
```

然后在解压目录里进行修改。压缩/解压方式应与内核配置初始化 RAM 文件系统所支持的方式一致。

1.5.3　构造 Ext4 分区

构造 Ext4 分区的工作需要在 PC 上进行。Ext4 分区基础部分涉及 GLibc、BusyBox、

目录结构和一些脚本文件。

1. GLibc 概述

GLibc (GNU C Library) 是 C 语言标准库, 又称为 libc 或 libc6 (第 2 版 GNU C 库, 主版本号是 6)。它是构成 Linux 操作系统的基础。除内核以外, Linux 操作系统中的所有软件都直接或间接地依赖 GLibc。

交叉编译工具已经包含了 GLibc 中库的部分。单独编译交叉编译器时, 还会产生系统的一些基础工具软件, 如 ldconfig (动态链接库路径配置命令)、iconv (字符集转换工具)、字符集数据 charmaps、locales 等。下面是 GLibc 的结构 (libgcc 除外, 它来自 gcc)。为减少以后系统工作时的麻烦, 最好将这些内容全部复制到树莓派的 Ext4 分区上。同样地, 为了节省占用的存储空间, 二进制程序和共享库也可以用 aarch64-linux-strip 命令瘦身。

```
/-- lib/                        (共享库目录)
|   `-- ld-linux-aarch64.so.1 -> ../lib64/ld-2.31.so
|
|-- lib64/
|   |-- ld-2.31.so
|   |-- libc-2.31.so
|   |-- libc.so.6 -> libc-2.31.so
|   |-- libcrypt-2.31.so
|   |-- libcrypt.so.1 -> libcrypt-2.31.so
|   |-- libm-2.31.so
|   |-- libm.so.6 -> libm-2.31.so
|   `-- ...
|
|-- sbin/
|   `-- ldconfig                (共享库路径配置命令)
|
`-- usr/
    |-- bin/
    |   |-- iconv               (字符集转换命令)
    |   |-- locale              (显示本地化环境变量)
    |   |-- localedef           (编译本地化定义文件)
    |   `-- ...
    |
    |-- include/                (C 语言标准头文件目录)
    |-- lib64/                  (libc 和 gcc 链接库目录)
    |   |-- libc.a
    |   |-- libc_noshared.a
    |   |-- libgcc.so.1
    |   |-- libgcc.so -> libgcc.so.1
    |   |-- ...
    |   `-- gconv/              (字符集转换模块目录)
```

```
|
|-- sbin/
|    `-- iconvconfig        (字符集转换缓冲设置)
|
`-- share/
    |-- i18n/
    |    |-- charmaps/      (该目录存放各种语言字符集映射表)
    |    `-- locales/       (该目录存放本地化环境变量脚本)
    `-- locale/             (该目录存放各软件不同语言消息一览表)
```

为了便于树莓派的本地程序编译, 除了保留静态库、C 语言标准头文件以外, 还需要创建共享库的 ".so" 后缀链接, 操作命令如下 (在 microSD 卡挂载目录上执行, 或在目标系统的根目录上执行):

```
# cd usr/lib64
# ln -s ../../lib64/libc-2.31.so libc.so
# ln -s ../../lib64/libm-2.31.so libm.so
# ln -s ../../lib64/libdl-2.31.so libdl.so
# ln -s ../../lib64/librt-2.31.so librt.so
# ...
```

在 Linux 操作系统中, 每个共享库根据其用途的不同, 通过构造符号链接, 形成 3 个文件名。以数学函数库 libm 为例, 这 3 个文件的作用如下。

(1) libm-2.31.so 是原文件, 提供链接文件的依据。大多数库文件名的版本号在 ".so" 之后, 形如 libfoo.so.xx.yy.zz。GLibc 库的命名方式比较特殊, 版本号在中间。

(2) libm.so 是动态库链接文件, gcc 用 "-l" 选项指定库名时, 链接器会查找 ".so" 后缀的文件。这种形式的库文件用于开发阶段, 通常放在 /usr/lib 目录中, 这是 gcc 的默认库搜索路径。

(3) libm.so.6 是运行时 (run-time) 共享库。动态链接的程序在运行时需要调用这个文件中的共享代码。文件名是在编译 libm-2.31.so 时通过链接参数 soname 指定的, 因此程序虽然链接时用的是 libm.so, 但运行时要依赖 libm.so.6。这些库通常在 /lib、/usr/lib 目录中, 或者在 /etc/ld.so.conf 列出运行时共享库的路径, 例如, 可以用 cat 命令查看这个文件的内容:

```
# cat /etc/ld.so.conf
/usr/lib
/usr/local/lib
```

此时运行 ldconfig 命令时, 该命令会生成 ld.so.cache 缓存文件。动态链接的程序通过缓存文件找到共享库。另外还有一种临时的方法: 将共享库路径加入环境变量 LD_LIBRARY_PATH,

动态链接的程序会在这个变量列出的目录中查找共享库。

2. Ext4 分区目录结构

为构造 Ext4 分区而编译的 BusyBox 与构造初始化 RAMDisk 时的选取策略不同, 安装在 Ext4 分区的软件应侧重考虑功能的完善而不是存储空间的占用, 因为即使编译 BusyBox 的全部功能, 占用空间也不过 1MB 左右, 相对于分区容量微不足道。

安装了 GLibc、BusyBox 和一些重要脚本的目录结构如下:

```
/-- bin/                        (BusyBox 普通用户程序)
|-- dev/                        (空目录，用于挂载 DEVTMPFS)
|-- etc/
|   |-- fstab                   (文件系统挂载)
|   |-- group                   (分组管理文件)
|   |-- hosts                   (主机名静态表)
|   |-- init.d/
|   |   |-- hostname
|   |   |-- modules
|   |   |-- network
|   |   |-- telnetd
|   |   `-- ...
|   |
|   |-- inittab                 (/sbin/init 脚本文件)
|   |-- issue                   (登录前的消息提示)
|   |-- issue.net               (远程登录前的消息提示)
|   |-- ld.so.conf              (共享库目录配置文件)
|   |-- mtab -> /proc/mounts
|   |-- passwd                  (用户管理文件)
|   |-- rc.d/
|   |   |-- rc.local
|   |   `-- rcS                 (sysv-init 启动脚本)
|   |
|   `-- resolv.conf             (域名解析配置文件)
|
|-- home/
|   `-- pi/                     (普通用户主目录)
|
|-- hostname                    (主机名称)
|-- lib/
|   |-- ld-linux-aarch64.so.1 -> ../lib64/ld-2.31.so
|   |-- firmware/               (设备驱动所需的固件)
|   `-- modules/
|       `-- 5.4.35/             (来自内核编译的模块)
|
|-- lib64/                      (GLibc共享库目录)
|-- lost+found/                 (用于文件系统故障时的数据恢复)
```

```
|-- mnt/                    (空目录, 挂载文件系统用)
|-- proc/                   (空目录, 用于挂载 PROCFS)
|-- root/                   (超级用户主目录)
|-- run/                    (存放系统运行时数据)
|-- sbin/                   (BusyBox 系统用户程序)
|-- sys/                    (空目录, 用于挂载 SYSFS)
|-- tmp/                    (临时数据目录)
|-- usr/                    (二级目录结构起点)
|   |-- bin/                (BusyBox 普通用户程序)
|   `-- sbin/               (BusyBox 系统用户程序)
|
`-- var/                    (系统运行时变化数据)
```

以上 /bin、/sbin、/usr/bin、/usr/sbin 均来自 BusyBox 编译的内容, /lib、/lib64 中的内容来自 GLibc 的共享库, 内核模块在 /lib/modules 目录, /etc 目录下是手工创建的一些系统配置文件, lost+found 是 Ext 系列文件系统的固有目录, 通常是空的。当文件系统发生故障时, 可以使用文件系统检查工具 fsck 进行修复, 不能正常恢复的文件会被归入该目录下, 由用户手工处理。其余目录及功能如下。

(1) /dev 目录用于挂载 DEVTMPFS。如果内核支持自动管理 devtmpfs, 设备文件节点会自动地创建在这个目录下; 否则, 需要手工通过 mknod 命令创建设备文件。

(2) /mnt 目录作为系统启动后动态挂载其他文件系统的节点。这个目录不是必需的。

(3) /proc 目录用于挂载 PROCFS 伪文件系统, 内核通过这个文件系统以文件的形式向用户空间提供进程和系统信息。

(4) /sys 是另一个伪文件系统 SYSFS 的挂载点, SYSFS 提供内核子系统、硬件设备及其驱动的用户空间访问途径。

(5) /tmp 用于挂载临时文件系统 TMPFS。这个目录的粘滞位 (sticky bit) 应该置位, 以保证多个用户可以将运行数据写入这个公共目录, 但不能修改别人的数据。设置粘滞位的方法:

```
$ chmod +t tmp
```

如果是单用户系统, 粘滞位自然就没有意义了。

(6) /var 用于存放系统运行中的一些变化数据, 如软件包数据库、系统日志、字体缓存文件等。

这些目录在构建文件系统时都是空的, 系统启动时通过相关的初始化过程一一挂载文件系统或随着系统的运行增加一些数据。

1.5.4 配置文件

为了让系统能正常启动, 需要编辑 /etc 目录中的一些脚本文件。

1. 文件系统信息 fstab

fstab 描述如何静态挂载文件系统。每个分区 (文件系统) 由下面 6 个字段构成:

```
<分区名> <挂载目录> <分区类型> <选项> <转存方式> <启动检查>
```

在执行 mount命令的-a 选项时, 系统会按这张表中给定的方式挂载文件系统。由于嵌入式系统的运行方式都是确定的, 需要挂载的文件系统都已在启动时完成, 用到这个文件的机会不多。

2. 用户和组设置

初装的 Linux 没有明确的用户。为了给不同用户提供各自独立的空间, 也为了系统的安全, Linux 有一套简单的分组策略, 它通过 /etc/passwd 和 /etc/group 两个文件管理。/etc/passwd 每一行按下面的格式记录一个用户的账户信息:

```
用户名:密码:用户ID:组ID:用户信息(姓名、电话等信息):主目录:用户环境
```

例如, 可以用文本编辑器编辑 passwd 文件, 按如下内容创建 root 和 pi 两个账户:

```
root::0:0:root:/root:/bin/sh
pi::1000:1000:RaspberryPI user,,,:/home/pi:/bin/sh
```

这里的用户环境可暂时使用 BusyBox提供的 /bin/sh, 待安装 bash 后可以用 /usr/bin/bash 替换。

密码字段如果是空的, 表示没有密码。用户登录目标系统后可以使用 passwd 命令创建或修改密码, 甚至也可以在目标系统上使用 adduser 创建用户。习惯上, 超级用户 (用户 ID 和组 ID 都是 0) root 的主目录在根目录下, 普通用户的主目录在 /home 目录下。在桌面系统中, /home 目录通常和根目录不在同一个磁盘分区。这样的设计可以使得在系统崩溃时用户数据仍然可以得到恢复。

/etc/group 每一行记录一个组信息:

```
组名:密码:组ID:组员列表(用逗号分隔)
```

与用户管理文件 passwd 类似, 我们为系统创建两个组:

```
root:x:0:
pi:x:1000:
```

passwd 和 group 文件的密码字段保存着密码的密文。由于不存在通过密码运算得到 "x" 的原字符串, 因此在密码字段的 "x" 实际上起到的作用就是禁止使用密码。由于历史原因,

文件 /etc/passwd 和 /etc/group 必须是对所有用户可读的。其中存放密码信息会对用户安全构成隐患, 因为尽管这里存放的是密文, 但仍有遭遇暴力破解的危险。因此在 PC 上, 真正的密码会存放在另一个文件 /etc/shadow 中, 这个文件通常只对超级用户可读。

3. 启动脚本

BusyBox编译出的 /sbin/init 接管第一阶段初始化过程, 它使用 /etc/inittab 作为执行脚本。文件 inittab 被设计成表格形式, 每一项有 4 个字段, 按下面的格式设置:

```
id:runlevels:action:process
```

BusyBox的初始化过程对 inittab 做了简化处理, 它忽略了在通用计算机系统使用的运行级别的概念, 所以 runlevels 这个字段是空的。action 表示响应的动作, process 是完成对应动作的进程命令。inittab 的编写可参考 BusyBox中的 examples/inittab 样板。一个简单的脚本见程序清单 1.2。

程序清单 1.2 init 脚本 /etc/inittab

```
1 # /etc/inittab init(8) configuration for BusyBox
2 #
3 ::sysinit:/etc/rc.d/rcS start
4
5 # 在终端启动一个 "askfirst" shell. 终端实现方式各有不同
6 ::askfirst:-/bin/sh
7 # 在 /dev/tty2-4 设备各启动一个 "askfirst" shell
8 tty2::askfirst:-/bin/sh
9 tty3::askfirst:-/bin/sh
10 tty4::askfirst:-/bin/sh
11
12 # 下面的例子是在串口线上启动终端
13 #::respawn:/sbin/getty -L ttyS0 9600 vt100
14 #::respawn:/sbin/getty -L ttyS1 9600 vt100
15
16 # 重启初始化进程
17 ::restart:/sbin/init
18
19 # 重启的动作
20 ::ctrlaltdel:/sbin/reboot
21 ::shutdown:/etc/rc.d/rcS stop
22 ::shutdown:/sbin/swapoff -a
```

其中第 3 行代码调用另一个启动脚本 /etc/rc.d/rcS, 该脚本完成创建操作系统的工作环境, 包括加载驱动、设置环境变量、启动各种服务的守护进程、创建图形运行环境等。这种初始化方式被称为 sysv-init，它源自 UNIX System V。图 1.12是系统启动过程框架。这种启动方式的优点是过程清晰、实现简单、代码规模小，但由于启动任务是顺序进行的，因此启动时间较长；而且所有列入启动项的服务不论是否使用都会启动，因此会占用一些不必要的资源。目前 Linux 的桌面发行版普遍采用 Systemd 的初始化方式，可以将启动任务并行执行，并且按需启动。但 Systemd 的代码规模比较大。

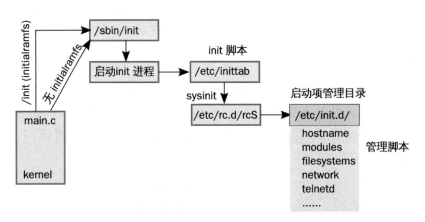

图 1.12　sysv-init 启动过程框架

系统启动后需要完成的初始化工作很零散，初始化任务全部放在 /etc/rc.d/rcS 文件中不方便管理。我们可以为每一项任务编写一个脚本文件，而 rcS 只负责管理这些脚本 (见程序清单 1.3)。习惯上，这些脚本放在 /etc/init.d 目录中。

程序清单 1.3　启动管理脚本 rcS

```
1  #!/bin/sh
2  # 这是一个最小化的启动脚本
3
4  mode=${1:-start}
5  services_cfg="hostname modules filesystems network telnetd"
6
7  # 运行设置好的启动步骤
8  for i in $services_cfg; do
9    if [ -x /etc/init.d/$i ]; then
10     /etc/init.d/$i $mode
11   fi
12 done
13
14 # 如果 rc.local 存在且可执行，就运行它
15 [ -x /etc/rc.d/rc.local ] && /etc/rc.d/rc.local $mode
```

程序清单 1.3 中第 5 行列出了启动任务以及它们的顺序, 每个任务交由对应的脚本文件负责, 它们集中放在 /etc/init.d 目录下。在这个例子中, 初始化过程包括设置主机名、加载额外的模块、挂载其他文件系统、设置网络接口、启动 TELNET 服务。通常这些脚本接受 start、stop、restart、status 等参数 (程序清单 1.3 中第 4 行的mode), 程序清单 1.4 是其中的一个脚本。其中 start 或 stop 参数可由 rcS 文件传递过去, 其他参数在系统运行过程中手动操作。最后一行留出一个接口, 用户可将一些额外的启动任务写进 /etc/rc.d/rc.local 脚本文件中, 避免破坏 rcS 的结构。这些脚本文件必须具有可执行属性。

程序清单 1.4　初始化网络接口脚本 /etc/init.d/network

```
1  #!/bin/sh
2  PATH=/bin:/sbin
3
4  IPADDR="192.168.2.100"
5  NETMASK="255.255.255.0"
6
7  case "$1" in
8      start)
9          echo "Setting up networking on loopback device: "
10         ifconfig lo 127.0.0.1
11         route add -net 127.0.0.0 netmask 255.0.0.0 lo
12
13         echo "Setting up networking eth0: "
14         if [ "$IPADDR" = "dhcp" ]; then
15             udhcpc -i eth0
16         else
17             ifconfig eth0 $IPADDR netmask $NETMASK
18             sed -e 's/.*hostname/'$IPADDR'  '`hostname`'/' \
19                 /etc/hosts >/tmp/hosts
20             mv /tmp/hosts /etc/hosts
21         fi
22         ;;
23     stop)
24         ifconfig eth0 down
25         ;;
26     reload)
27         ;;
28     *)
29         echo "Usage: $0 {start|stop|reload}"
30         echo
31         exit 1
32         ;;
```

```
33 esac
34 exit 0
```

将程序清单 1.4第 4 行的 IPADDR 的点分十进制形式 IP 地址改为 dhcp, 该脚本会调用 udhcpc命令从 DHCP (Dynamic Host Configuration Protocol, 动态主机配置协议) 服务器获得动态 IP 地址 (见程序清单 1.4中代码第 14 ~15 行), udhcpc 来自 BusyBox。为了避免查找设备的麻烦, 建议用静态方式设置树莓派的 IP 地址, 注意将 IP 地址设置在与主机相同的网段, 并确保不要与局域网内的其他主机地址冲突。如果是跨网段设置, 还需要设置正确的路由, 让 PC 能访问到树莓派。动态获取 IP 地址可以避免地址冲突, 但在没有显示界面的情况下, 用户不知道它获得的 IP 地址是什么, 如果想通过网络而不是串口调试器使用树莓派, 可能会找不到这个机器 ①。

单独的 udhcpc 命令只能获得地址, 本身不负责配置网络。用户可以根据得到的地址再使用 `ifconfig` 命令配置。BusyBox 提供了一个自动配置的脚本文件模板 simple.script, 它在 BusyBox 源码的 examples/udhcp/ 目录下。如果使用自动配置 IP 地址功能, 可将其复制到目标系统的 /usr/share/udhcpc 目录, 将其重新命名为 default.script, 并用 chmod命令给它加上可执行属性。

一个简化的模块加载脚本 modules 见程序清单 1.5, 需要加载的模块列在变量 MODLIST 中。

程序清单 1.5　加载模块脚本 /etc/init.d/modules

```
1 #!/bin/sh
2 # 系 统 启 动 时 加 载 内 核 模 块
3
4 MODLIST="brcmfmac pwm-bcm2835 snd_bcm2835 gpio-ir-recv"
5
6 if [ "$1" = "start" -a -x /sbin/modprobe -a "$MODLIST" ]; then
7   for i in $MODLIST; do
8     echo Loading module $i
9     modprobe $i
10   done
11 fi
```

其他脚本处理方法类似, 不再赘述。

4. 串口监控启动过程

树莓派有两类 UART 串口: 一类是 PL011, 它和 16650 UART 兼容, 16650 UART 是

_____

① 如果使用了动态 IP 地址配置方法, 在 PC 上通过网络映射工具 nmap 扫描局域网, 可以查到树莓派的 IP 地址; 如果树莓派和 PC 通过同一个路由器连接, 也可以通过路由器设置界面查到树莓派。

早期个人计算机的标准配置; 另一类是 mini UART (简化的 UART)。树莓派 3 代之前有 2 个 UART, 其中 UART0 对应 PL011, UART1 对应 mini UART; 树莓派 4 代增加了 4 个 PL011, 对应 UART2~UART5。Linux 会将其中的一个作为基本 UART, 连到树莓派引脚 8、10 (见图 1.5); 另一个作为第二 UART, 默认是禁用的, 可以通过适当的设置使其用于蓝牙接口。表 1.2是几个型号的树莓派串口缺省配置情况。

表 1.2　UART 缺省配置

型号	UART0(PL011)	mini UART
Pi 0	基本 UART	第二 UART
Pi 0W	第二 UART (蓝牙)	基本 UART
Pi 1	基本 UART	第二 UART
Pi 2	基本 UART	第二 UART
Pi 3	第二 UART (蓝牙)	基本 UART
Pi 4	第二 UART (蓝牙)	基本 UART

为使串口调试器工作, 除了内核支持, 还需要在 BOOT 分区的启动配置文件config.txt中添加如下两行代码, 加载对应的设备树文件:

```
enable_uart=1
dtoverlay=pi3-miniuart-bt
```

enable_uart 为 0 表示 mini UART, 为 1 表示 PL011(UART0), Linux 启动后, 它对应设备文件/dev/ttyAMA0。mini UART 作为蓝牙使用。

如果串口设置正确, 树莓派上电后, 可以在串口监控器 (minicom命令环境) 看到如下 Linux 的启动过程:

```
[    0.000000 ] Booting Linux on physical CPU 0x0000000000 [0x410fd083]
[    0.000000 ] Linux version 5.9.12-v8+ ...
[    0.000000 ] Machine model: Raspberry Pi 4 Model B Rev 1.1
    ...
[    0.000000 ] Zone ranges:
[    0.000000 ]   DMA    [mem 0x0000000000000000-0x000000003fffffff]
[    0.000000 ]   DMA32  [mem 0x0000000040000000-0x00000000fbffffff]
[    0.000000 ]   Normal empty
[    0.000000 ] Movable zone start for each node
[    0.000000 ] Early memory node ranges
[    0.000000 ]   node 0: [mem 0x0000000000000000-0x000000002fffffff]
    ...
```

```
[      1.585717 ] Key type ._fscrypt registered
[      1.587097 ] Key type .fscrypt registered
[      1.588503 ] Key type fscrypt-provisioning registered
[      1.599671 ] uart-pl011 fe201000.serial: ...
Setting the hostname to RaspberryPI
Mounting filesystems
Setting up networking on loopback device:
RaspberryPI:/ #
```

最后出现了 Linux 的提示符 "#", 此时可以正常操作树莓派上的 Linux 了。

5. 远程网络连接

内核启动 WiFi 或加载模块 brcmfmac 时, 需要对应的固件 brcmfmac43455-sdio.bin。固件和配置文本 brcmfmac43455-sdio.txt 可在 https://github.com/RPi-Distro/firmware-nonfree/brcm 下载。大多数 PC 的 Linux 桌面发行版也会有常用的固件, 因此也可以直接从 PC 的 /lib/firmware/brcm 目录下复制。如果没有固件, 一些 WiFi 网卡不能驱动, 启动后使用 dmesg命令查看内核消息, 会看到下面的错误提示:

```
# dmesg
...
brcmfmac mmc1:0001:1: Direct firmware load for brcm/brcmfmac43455-sdio.bin failed
  ↪ with error -2
...
```

下载的固件和配置文本应置于根文件系统的 /lib/firmware/brcm 目录下。对于树莓派 4B, 配置文本应重新命名为 brcmfmac43455-sdio.raspberrypi,4-model-b.txt。

网络设备正常驱动后, 通过ifconfig -a 命令可以看到 eth0 和 wlan0 两个网络接口名, 前者是有线网接口, 后者是无线网接口。BusyBox的 ifconfig命令可以配置有线网卡, 程序清单 1.4 完成的就是有线网配置工作。无线网 wlan0 的配置需要另外的工具, 在 2.5.3节将会详细介绍。

完成网络配置后, 主机就可以通过网络方式访问树莓派, 不再需要串口调试器了。网络方式方便、快捷, 比串口提供的功能更多、更灵活。BusyBox 已经包含了 TELNET 服务。使用这个服务前需要先挂载 DEVPTS 文件系统。挂载 DEVPTS 可使用下面的命令:

```
# mkdir /dev/pts
# mount -t devpts devpts /dev/pts
```

启动 TELNET 服务只需要一条简单的命令:

```
# /sbin/telnetd -l /bin/login
```

较为规范的做法是将 TELNET 服务写入 /etc/init.d/telnetd 脚本, 在系统启动时由 rcS 管理 TELNET 服务 (对应程序清单 1.3中第 5 行 services_cfg 的最后一项)。完整的服务器脚本程序还应负责管理停止、重启服务等功能。

　　主机通过 telnet 命令连接树莓派的 TELNET 服务器, 输入正确的用户名和密码, 即可远程登录树莓派, 并看到主机的问候语和提示符。这里所说的 "远程" 是网络上的概念, 并非指地理距离。

```
$ telnet 192.168.2.100
Trying 192.168.2.100...
Connected to 192.168.2.100.
Escape character is '^]'.

RaspberryPI login: root
Password:
##########################################
#            Raspberry Pi4            #
#               Desktop               #
##########################################

root:~ #
```

问候语来自树莓派上的 /etc/issue 或 /etc/issue.net 文件, 前者是本地登录时的回应, 后者是通过网络登录时的回应。这两个文件可根据需要手动编辑。

6. 其他配置文件

　　/etc 目录下还有其他一些配置文件, 它们的功能如下: /etc/hosts 存储了主机名的静态表; /etc/hostname 存储主机名。主机名可出现在终端提示符上, 在网络使用环境下便于用户识别当前所处的位置; ld.so.conf 列出了共享库的路径, 当执行 ldconfig命令时, 这些路径下的共享库文件路径会被缓存在 /etc/ld.so.cache 文件中。不在默认搜索路径中的共享库, 应用程序需要通过这个文件才能动态链接到共享库; /etc/resolv.conf 是域名解析列表, 用于帮助计算机通过域名方式进行网络访问。下面是一个简单的形式 (假设域名解析器地址 8.8.8.8 可以访问):

```
nameserver 8.8.8.8
```

1.5.5 网络文件系统

树莓派本身的存储空间极其有限。为了扩展树莓派的存储空间, 我们在主机上安装 NFS (Network File System, 网络文件系统) 服务并启动。NFS 服务器的配置文件是 /etc/exports, 可以将下面一行语句写进这个配置文件, 用以指明服务器共享目录、开放范围及访问权限:

```
/srv/nfs        192.168.2.*(rw,sync,no_subtree_check)
```

修改配置后需要重启 NFS 服务:

```
# service nfs-kernel-server restart
```

树莓派用 mount 命令将网络文件系统共享出来的目录挂载到本地的 /mnt 目录 (此处假设主机 ——也就是 NFS 服务器的 IP 地址是 192.168.2.110), 例如:

```
# mount 192.168.2.110:/srv/nfs /mnt -o nolock,proto=tcp
```

NFS 提供 TCP 和 UDP 两种协议方式。上面的 mount命令来自 BusyBox。参数中带有冒号的会被 mount 命令自动识别为网络文件系统, 不需要通过选项 "-t nfs" 明示。由 Busy-Box编译出的 mount 命令需要明确指明使用 TCP (即-o 指定的选项 nolock, proto=tcp), 来自 util-linux 软件包中的 mount 命令缺省使用 TCP, 不需要这个选项。

建立网络文件系统后, 在树莓派系统上访问 /mnt 目录和在 PC 上访问 /srv/nfs 目录是一致的, 二者访问的是同一个资源, 真正的存储设备在 PC 上。例如, 我们可以在 PC 上编写一个 C 语言程序 (假设文件名为 hello.c), 用下面的命令编译:

```
$ aarch64-linux-gcc -o hello hello.c
```

将编译后的可执行程序 hello 复制到 NFS 服务器目录 /srv/nfs, 再在树莓派的终端上执行:

```
# /mnt/hello
```

便可以看到程序运行的结果。

在嵌入式 Linux 的开发阶段, 网络连接是一个非常有用的功能, 它除了可以省下一套输入/输出设备 (键盘、鼠标、显示器) 以外, 还可以借助主机的强大处理能力、灵活的软件配置和大量的存储空间, 为嵌入式系统开发提供强有力的支持。

1.6 本章小结

树莓派是广受欢迎的卡片式计算机。与同类型的单板计算机相比, 树莓派社区很活跃, 内核更新很快, 它的软硬件支持也是很完善、很丰富的。除了使用其官方网站提供的操作系统映像，自主搭建一个完整的操作系统可以帮助我们更好地理解操作系统的构成，并且在嵌入式系统开发中，开发人员也要根据实际应用背景对软件的功能进行裁剪，以达到提高效率、降低成本的目的。

本章主要介绍内核的编译、移植和基本根文件系统的制作，由此构成一个基本的 Linux 操作系统。至本章结束，这样的系统已基本可用。使用者可以通过串口终端或者 TELNET 远程登录，以命令行方式操作该系统，也可以基于 BusyBox 的编辑器 vi 编写 Shell 脚本程序，甚至可以在 PC 上编写 C 语言程序，再交叉编译并通过网络文件系统传到树莓派上运行。

第 2 章　基础系统

第 1 章已经完成了根文件系统的制作, 可以用它正常启动树莓派的 Linux 系统, 并且可以用串口调试器或者有线网络登录。但这个系统非常原始, 不仅没有图形界面, 也不具备无线连接功能, 安装和删除软件也不方便。

下面将逐步安装一些有用的软件, 丰富树莓派的功能, 使之成为一个实用的系统。

2.1　软件编译

在构造操作系统的过程中, 系统软件的编译与单个应用软件的编译相比, 其最大的不同在于系统软件存在层层依赖的关系。编译应用软件也会存在对系统软件的依赖, 但通常这些依赖关系已经在开发工具中设置好了, 用户只需要关心自己开发的软件。而编译系统软件时, 尤其是交叉编译, 常常还不具备建立完备开发工具的环境, 软件之间的依赖问题需要开发者自己解决。

2.1.1　软件的依赖关系

Linux 系统的软件之间存在大量的依赖关系, 常见的依赖形式有下面几种。

(1) 应用程序对共享库(包括自身的共享库和下层支持库) 的依赖。一些程序在编译时将其部分功能编译成共享库, 程序运行时, 它的部分代码在共享库中, 由此形成运行依赖关系。

(2) 功能依赖。例如, 启动 VNC (Virtual Network Computing, 虚拟网络计算) 服务器程序代码与 Xorg 无关, 但 Xorg 是 X 系统的核心程序, 启动 X 服务之前无法启动 VNC 服务。

(3) 编译依赖。大量 Linux 操作系统的软件是逐层搭建的。这样可把复杂的工作分解成相对简单的模块, 同时也提高了共享比例, 有利于减少错误, 提高可靠性。由此带来的后果之一是在软件移植时不能孤立地编译单个软件, 而要全局性地通盘考虑。

本书重点讨论的是最后一种形式的依赖关系, 无论是按静态库还是共享库编译, 在移植过程中都需要理清软件的层次, 从下到上逐层编译。这也是 Linux 软件移植的难点之一。

2.1.2　基础系统软件

图 2.1 是基础系统软件和它们的依赖关系。这些软件在 Linux 系统中承担不同的功能, 下面介绍这些软件。

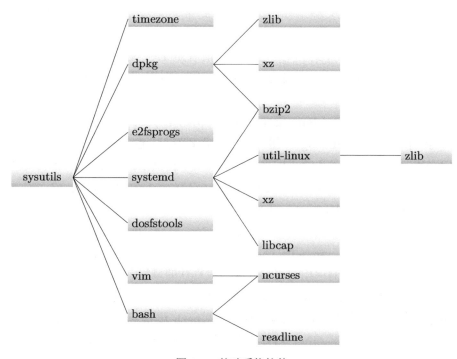

图 2.1　基础系统软件

(1) timezone, 时区数据。Linux 从 NTP (Network Time Protocol, 网络时间协议) 服务器获取国际标准时间协调世界时 (Coordinated Universal Time, UTC)。过去很长一段时间, 国际标准时间也称作格林尼治标准时 (Greenwich Mean Time, GMT), 但现在格林尼治标准时已不再是严格的科学术语。Linux 根据时区数据和所在地理位置将国际标准时间转换到本地时间。

(2) dpkg (Debian Package), 包管理软件, 源于 Debian 系统, 用于安装包的生成、解压、安装或卸载。BusyBox 提供的 dpkg 功能有所欠缺, 如需管理软件包, 最好使用单独的包管理软件。在提供依赖库的前提下, dpkg 可以使用多种压缩/解压算法。配置编译环境时会自动检测有哪些压缩库支持, 也可通过选项指定选用或禁用。Linux 系统使用的开源压缩库主要有 zlib、bzip2 和 lzma (对应的压缩文件名后缀是 gz、bz2 和 xz), 它们各自依据不同的算法。从应用角度看, 不同算法主要表现在压缩时间、解压时间和压缩率的差别上。表 2.1 是三种压缩算法的性能指标对比。

表 2.1 三种压缩算法的性能指标对比

库	压缩率	压缩时间	解压时间
zlib	低	短	短
bzip2	中	中	中
lzma	高	长	长

(3) 文件系统工具 e2fsprogs 和 dosfstools, 前者是 Ext 文件系统管理工具, 包括 Ext 2/3/4 版文件系统格式化、检查等, 后者是 DOS 文件系统工具, 包括 FAT 系列文件系统检查修复和格式化。

(4) systemd 是目前主流 Linux 桌面发行版的初始化方式, 是 sysv-init 的继任者。其中的 udev (userspace device manager, 用户空间的设备管理) 也是 sysv-init 初始化中常用的工具, 用于在用户空间管理设备文件的设置; util-linux 提供 Linux 的基本命令, 这些命令绝大部分都已经被 BusyBox 包含, 没必要重新制作一套命令替换 BusyBox, 但它生成的共享库 libuuid、libblkid 等是编译 systemd 的基础。

(5) vim 是 Linux 系统中著名的文本编辑工具。虽然 BusyBox 提供了一个简化版的 mini-vi, 但其功能过于简单, vim 用户更愿意使用增强版的编辑器。vim 具有非常灵活的配置能力, 用户可以根据自己的使用习惯将其配置成喜欢的风格。

(6) bash (bourne-again shell) 是 shell 的一种, 也是目前 Linux 系统中最常用的命令行工作环境。BusyBox 提供的 shell 比较简单, 一些 bash 脚本程序在这个环境里不能正常运行。bash 依赖 ncurses 和 readline, 后者提供一组用于命令行编辑功能的函数调用。

2.1.3 软件编译方法

编译运行在树莓派系统上的软件, 除需用到 Arm 交叉编译工具外, 还需要在主机上安装 GNU make、cmake、m4、autoconf、intltool 等工具, 不一而足。在编译出错时, 注意看清错误提示。刚开始编译时, 错误多缘于开发工具的不足, 根据需要及时安装。

从网上获取源代码的压缩包通常有 gz、bz2、xz 等几种格式。无论哪种格式, 都可以统一用 `tar` 命令的 "xf" 选项解压。还有一些软件来自版本控制系统 GIT 仓库, 可使用 git 复制后检出其中的某个版本。源码解压后, 视解压主目录中文件内容的不同, 可能会碰到以下几种情况。

(1) 存在 configure 可执行文件, 大多数软件都是这种情况。此时通过下面的方法编译和安装 (在源码解压目录下执行):

```
$ mkdir build_aarch64 && cd build_aarch64
$ ../configure \
    --host=aarch64-linux \
    --build=x86_64_linux-gnu \
    --target=aarch64-linux \
    --prefix=/usr \
    --bindir=/usr/bin \
    --sbindir=/usr/sbin \
    --libdir=/usr/lib \
    --libexecdir=/usr/libexec \
    --sysconfdir=/etc \
    --localstatedir=/var \
    --enable-shared \
    --disable-static
$ make
$ make install DESTDIR=../pkg_install ①
```

绝大部分软件支持单独建立一个工作目录, 在这个目录下编译。有的软件甚至强制要求不能直接在源码目录下编译。这样做的好处: 可以保持源码的整洁, 编译过程中生成的文件不会与源码混合。创建 build_aarch64 目录就是这个目的。编译目录可以创建在源码目录之外。这里建议把编译目录放在源码目录内, 目的是不干扰用户的其他目录。然而仍有少数软件不支持这种做法, 只能在源码目录下编译, 这种情况下可以省去创建目录的步骤。

　　--host 选项指定交叉编译器前缀。未指定编译器时, 默认使用的是主机编译器; --build 指定本机编译器, 多数情况, 这个选项不需要显式指定, 配置工具会自动检测; --prefix 用于指定安装文件目录的起点, 缺省值是 /usr/local ②; 普通权限命令、系统命令和库文件安装在由 --bindir、--sbindir 和 --libdir 指定的目录中, 缺省情况下, 这些目录以 --prefix 为起点, 分别对应 bin/、sbin/、lib/ 子目录; --sysconfdir 指定配置文件目录; --localstatedir 指定软件运行时数据目录。configure 命令会检查本机编译环境, 包括主机架构、目标机架构、编译器是否正确配置、依赖关系是否满足等。一切就绪后, 会生成 Makefile 文件。

　　对于非必需的依赖关系, 不同软件的 configure 处理方式可能有所不同。有的会采用一种确定的默认方式: 建立依赖, 除非显式地用 --disable- 或 --without- 选项排除, 当依赖条件不满足时会因出错而中止配置过程; 或者不建立依赖, 除非显式地用

---

① 多数软件要求 DESTDIR 必须用绝对路径表示。
② 根据 Linux 文件目录结构标准 (File Hierarchy Standard, FHS), /usr/local 属于三级目录结构。

--enable-或--with- 选项指定。有的则采用自动方式，即检查到现有环境存在依赖时，则建立依赖关系，否则就不建立这个依赖。

不同软件，配置选项有很大差别。同一软件，针对不同应用，配置选项也可以有不同取舍。详细情况可使用--help 选项查看。

本书在构建软件包时，在允许的情况下尽量编译共享库，以缩减目标系统的磁盘占用空间。共享库也为升级带来方便：改变共享库时，只要函数接口不变，不需要更新上层软件。上面的选项中，--enable-shared 和 --disable-static 表示编译共享库，不编译静态库。并非所有软件包都支持该选项。不产出库、只生成可执行程序的，当然就不存在共享库或静态库的问题，但这两个选项设置失配一般不会导致配置中断；少数软件在选项形式上也有差异，例如 ncurses 用 --with-shared 表示编译共享库，用 --without-normal 表示不编译静态库。

许多软件带有帮助文档说明，这些文档可随安装过程复制到目标系统。在嵌入式系统上，为了缩小安装包，同时也是为了节省编译时间，可以将这些功能排除。通常这些配置选项是 --without-manpages、--disable-docs 等类似形式。

变量 DESTDIR 用于指示 Makefile 安装软件的路径，它只在复制文件的过程中起作用。缺省的安装路径由执行 configure 命令时的 --prefix 选项指定。切记不要将为目标系统编译的软件误装到 PC 的系统目录里。由于是交叉编译的，其生成的代码不能在 PC 上运行。强行覆盖 PC 的原有代码，会导致 PC 上一些软件被破坏。慎重使用超级用户权限是避免这类错误的有效方法。

(2) 没有 configure 可执行文件，但存在 autogen.sh 可执行文件，或者存在 configure.ac 文件。这种情况也比较常见。此时可在解压目录下通过运行 ./autogen.sh 或者 autoreconf -ivf 生成 configure 文件，然后按前一种情况处理。

(3) 存在 CMakeLists.txt 文件，这种情况不多。此时通过下面的方法生成 Makefile：在源码解压目录下执行：

```
$ mkdir build_aarch64 && cd build_aarch64
$ cmake .. \
  -DCMAKE_C_COMPILER=aarch64-linux-gcc \
  -DCMAKE_CXX_COMPILER=aarch64-linux-g++ \
  -DCMAKE_LINKER=aarch64-linux-ld \
  -DCMAKE_INSTALL_PREFIX=/usr \
  -DCMAKE_INSTALL_SYSCONFDIR=/etc \
  -DCMAKE_INSTALL_LOCALSTATEDIR=/var \
  -DBUILD_SHARED_LIBS=on \
  -DBUILD_STATIC_LIBS=off
```

cmake 的执行过程与 configure 类似, 最终都以生成 Makefile 为目的, 然后再用 GNU make 编译和安装。

(4) 以上几个文件都没有, 只有 Makefile 文件。这种情况很少, 只有那些非常独立、不对其他软件产生依赖关系的软件才采用这种结构, 内核、BusyBox 均属此类。由于没有依赖, 所以也不需要配置特别的选项, 只需要指定编译器即可, 通常可以用下面的命令编译:

```
$ CC=aarch64-linux-gcc make
```

并非所有此类源码软件都能用这种方法。读者应仔细阅读 Makefile, 弄清楚其中引用变量的真实含义, 根据 Makefile 的要求正确设置变量。有时 Makefile 不接受环境变量的设置, 此时就不得不直接修改 Makefile 文件了。这类源码的结构都不复杂。

(5) 近年来, 随着 Python 语言的火爆, 越来越多的软件开始使用 meson 编译系统 ①。meson 是用 Python 语言编写的配置工具。在 Linux 操作系统中, 其后台编译程序是 ninja, 它相当于 make的作用。源码目录下的 meson.build 是 meson 的配置文件, meson_options.txt 用于管理配置的选项。meson 的配置选项通过 "-D" 设置。例如, meson_options.txt 中有如下一段代码:

```
option(
    'man-pages',
    type : 'combo',
    value : 'auto',
    choices : ['true', 'false', 'auto'],
    description : 'Enable manpage generation and installation.',
)
```

它描述了配置参数 "man-pages" 的类型、缺省选项以及功能。如果需要在编译过程中生成手册页, 可以用下面的方式:

```
$ meson -Dman-pages=true
```

交叉编译时, 需要另建一个配置文件 meson.conf, 用于设置交叉编译环境和参数:

```
[host_machine]
system = 'linux'
cpu_family = 'aarch64'
cpu = 'aarch64'
endian = 'little'
```

---

① meson 英文原义是指一种亚原子结构的粒子。开发者曾考虑过用 gluon (胶子) 为这个软件命名。胶子是将质子和中子结合在一起的基本粒子, 就像构建系统的工作是把一块块的源代码通过编译器将它们连接在一起, 成为一个整体一样。但 gluon 这个名字已有其他软件在使用了。

```
[binaries]
c = 'aarch64-linux-gcc'
cpp = 'aarch64-linux-g++'
ar = 'aarch64-linux-ar'
strip = 'aarch64-linux-strip'
pkgconfig = 'pkg-config'

[properties]
c_args = ['-mabi=lp64', '-Dhost=aarch64-linux']
c_link_args = []
cpp_args = ['-mabi=lp64' , '-Dhost=aarch64-linux']
cpp_link_args = []
```

使用 meson创建编译目录、执行配置工作, 最后使用 ninja命令编译和安装。具体过程是在源码解压目录下执行下面的操作:

```
$ meson build_aarch64 -Dprefix=/usr --cross-file=meson.conf
$ ninja -C build_aarch64
$ DESTDIR=./pkg_install ninja -C build_aarch64 install
```

有的软件源码中既有 configure 文件也有 CMakeLists.txt 文件或者 meson.build 文件, 此时可根据个人习惯选择其中的一种方式。图 2.2概括了不同配置文件完成编译的过程。

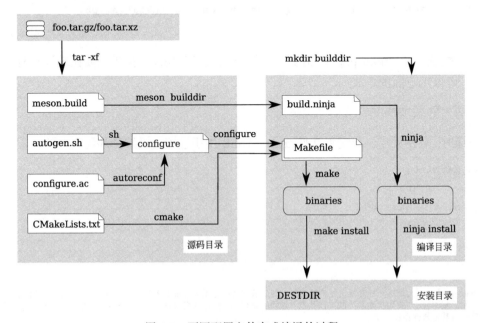

图 2.2　不同配置文件完成编译的过程

在配置编译环境的过程中, 会在编译目录下生成日志文件: 使用 configure 命令生成的日志文件是 config.log, 使用 cmake生成的日志文件是 CMakeOutput.log, 使用 meson生成的日志文件是 meson-log.txt。日志文件可以帮助开发者了解配置的详细过程, 特别是在配置不成功时帮助开发人员分析产生错误的原因。

2.2　包管理器

Linux 的不同发行版本都有各自的安装包管理软件。dpkg 是 Debian 系列 Linux 操作系统的标配, 移植和使用也相对简单。它只依赖数据压缩/解压工具, 特定功能依赖字符终端库 ncurses。虽然 BusyBox也提供了一个 dpkg命令, 但功能不完善, 在进行多次安装包操作后会出问题。在移植系统时只用它安装前几个软件包, 尽快使用专门的 dpkg 替代 BusyBox 中的这个命令。下面是移植 dpkg 需要的软件:

```
zlib 主页: https://www.zlib.net
zlib 源码: https://zlib.net/zlib-1.2.11.tar.xz
bzip2 主页: https://www.bzip.org
bzip2 源码: https://sourceware.org/pub/bzip2/bzip2-1.0.8.tar.gz
xz 主页: https://tukaani.org/xz
xz 源码: https://tukaani.org/xz/xz-5.2.4.tar.bz2
dpkg 主页: https://wiki.debian.org/Teams/Dpkg
dpkg 源码: http://ftp.debian.org/debian/pool/main/d/dpkg/dpkg-1.18.24.tar.xz
```

本节以编译 dpkg 为例说明编译过程。

2.2.1　数据压缩

数据压缩可以减少存储设备占用空间, 提高存储效率。在数据传输过程中降低带宽要求, 提高传输速度和可靠性。

数据压缩分有损压缩和无损压缩两种。无损压缩利用数据结构特性和编码技术, 对数据进行重组, 以减少存储空间。无损压缩的数据可以通过解压算法完整还原出原始信息。有损压缩利用人的感知特性, 去除冗余信息, 达到更大比率的压缩效果。有损压缩通常用在媒体信息处理中, 如音视频信号等。有损压缩的数据还原后, 与原始数据相比会有一定的差异。

本章仅介绍 Linux 系统中常用的数据压缩软件, 它们都属于无损压缩。

目前计算机系统中同时存在多种压缩文件格式。这些压缩文件是通过不同的压缩算法得到的。每种算法在压缩比率、压缩/解压时间、系统资源占用等方面各有利弊, 目前尚没有哪种算法有一统江湖的趋势。

1. zlib

zlib 是 Linux 系统的基本软件库之一, 用于数据压缩和解压。最早公开的版本是 0.9 (1995 年 5 月发布), 原是 PNG 图像处理库的一部分, 是由作者 Jean-loup Gailly 和 Mark Adler 开发的。它除了用于 Linux、Mac OS X 等操作系统以外, 也用于像 PlayStation、Wii 等游戏平台。目前最新的稳定版本是 zlib-1.2.11 (2017 年 1 月发布), 以 zlib/libpng 开源协议发布。该协议与 GNU GPL 版权协议兼容。

zlib 采用 DEFLATE 算法, 对各种不同数据结构普遍获得较好的压缩率, 并且系统资源开销极小, 许多软件都直接或间接地用到它的功能, 是 Linux 系统很多重要软件的基础。例如:

(1) Linux 内核本身的压缩和解压, 内核中网络协议和文件系统 (主要是作为初始的根文件系统 RAMDisk)。

(2) 点阵图 (如 BMP 格式) 转换到 PNG 格式, 以及 PNG 图像的解压。

(3) 压缩和解压软件 `gzip/gunzip`, 以及 `dpkg`和 `rpm`等软件包管理软件。

(4) Apache HTTP 服务器中实现 HTTP/1.1。

(5) 版本控制软件 (如 `subversion`、`git`)。

zlib 因其自由的版权协议、移植方便性、较小的占用空间, 也用在许多嵌入式设备中。

zlib 库主要提供基本函数`inflate()`、`deflate()` 和应用函数`compress()`、`uncompress()`。

zlib 库内含一个 minigzip 作为最小应用的实例。程序清单 2.1 是将一个 12 字节的字符串 "hello, zlib!" 重复存储在 8192 字节的内存中, 压缩后的字节数是 57 (相当于把一个 8KB 的文件压缩到 57 字节[①])。程序最后通过解压验证了算法的正确性。该程序同时显示以机器周期为单位的压缩/解压时间。由于 Linux 是多任务操作系统, 很难简单地对某个具体任务的时间进行统计, 测试结果仅供参考。又因为获取机器时间的寄存器 TSC (Time Stamp Counter, 时间戳计数器) 是 x86 架构的处理器特有的, 交叉编译时应将 "#define X86" 一行代码注释掉, 其他与 TSC 寄存器相关的语句也不能正确反映时间开销, 在 x86 以外的平台不能通过这种方式估计时间。

程序清单 2.1 使用 zlib 库的例子 sample_zlib.c

```
1 /*
2  * Filename:   sample_zlib.c
3  * 使用 zlib 库的一个小例子
4  */
5 #define     X86      1
6
7 #include <stdlib.h>
8 #include <stdio.h>
9 #include <zlib.h>
```

---

① 因文件内容比较特殊, 这个例子给出的压缩比率不具备典型意义。

```
10 #include <string.h>
11
12 #ifdef       X86
13 #  define rdtsc(low,high) \
14       __asm__ __volatile__("rdtsc" : "=a" (low), "=d" (high))
15 #else
16 #  define rdtsc(low,high)      (low=high=0;)
17 #endif
18
19 int main (int argc, char *argv[])
20 {
21     char *hello = "hello, zlib!";
22     char *src, *dest;
23     unsigned long  i, src_l, dest_l, hello_l;
24     int ret;
25     int low1, high1, low2, high2;
26
27     src = malloc(8192);
28     dest = malloc(8192);
29
30     hello_l = strlen(hello);
31     bzero(src, 8192);
32
33     /* 重复复制字符串 */
34     for (i = 0; i < 8192 - hello_l; i += hello_l)
35         strcpy(src + i, hello);
36
37     rdtsc(low1, high1);
38     ret = compress(dest, &dest_l, src, 8192);
39     rdtsc(low2, high2);                    /* 读时间戳，记录压缩前后的时间 */
40
41     if(ret != Z_OK)
42         perror("comress ERR");
43     else {                                 /* 打印压缩程序的时间消耗 */
44         low2 -= low1;
45         high2 -= high1;
46         if(high2 != 0)
47             low2 += (1UL<<32);
48         printf("Compress time: %x\n", low2);
```

```
49              printf("Compress 8192 bytes in %ld bytes.\n", dest_l);
50      }
51
52      /* 清除缓冲区 */
53      bzero(src, 8192);
54      src_l = 10000;
55
56      rdtsc(low1, high1);
57      ret = uncompress(src, &src_l, dest, dest_l);
58      rdtsc(low2, high2);                    /* 读时间戳，记录解压前后的时间 */
59
60      if(ret != Z_OK)
61          perror("Decomress ERR");
62
63      for(i = 0; i < src_l - hello_l; i += hello_l) {
64          if(strncmp(src + i, hello, hello_l)) {
65              printf("Decompress differ at %ld.\n", i);
66              return -1;
67          }
68      }
69      for(; i < src_l; i++) {
70          if(src[i]) {
71              printf("Decompress differ at %ld.\n", i);
72              return -2;
73          }
74      }
75      low2 -= low1;
76      high2 -= high1;
77      if(high2 != 0)
78          low2 += (1UL<<32);
79      /* 打印解压时间消耗 */
80      printf("Decompress time: %x\n", low2);
81      printf("Decompressed %ld bytes OK!\n", src_l);
82
83      return EXIT_SUCCESS;
84 }
```

2. bzip2

bzip2 是使用 Burrows-Wheeler 算法对数据进行压缩的开源库, 作者 Julian Seward 在

1996 年 6 月发布了第一个版本。目前最新的稳定版本是 2019 年 7 月发布的 1.0.8 版, 以类 BSD 版权协议发布。

bzip2 的压缩效率比 LZW (.Z 文件) 和 DEFLATE (.zip 文件和.gz 文件) 压缩算法有显著提高, 但速度要慢得多。Linux 系统中还有一个支持多线程的版本 pbzip2, 据称在多核系统上可以显著提高速度。但它只是一个独立的程序, 不提供库支持。

bzip2 使用多个压缩技术层层堆积。

(1) RLE (Run-length Encoding) 初始化数据。

(2) Burrows-Wheeler 变换 (BWT) 或块排序。

(3) MTF (More-to-Front) 变换。

(4) RLE 或 MTF 结果。

(5) 哈夫曼编码。

(6) 多重哈夫曼表选取。

(7) 哈夫曼表选择的一元基 1 编码。

(8) 哈夫曼编码长 Delta 编码。

(9) 稀疏向量表示。

解压按相反顺序操作。

Linux 系统通常用后缀 ".bz2" 表示 bzip2 压缩的文档, 格式如表 2.2 所示。

表 2.2 bzip2 压缩的.bz2 文件格式

名称	位数	含义及内容
magic	16	特征标记'BZ', 即这两个字母的 ASCII 码
version	8	版本: 'h'(哈夫曼编码), '0'(bzip1, 过时的)
hundred_k_blocksize	8	以 100KB 为单位的块的大小 (1~9)
compressed_magic	48	压缩特征标记: 0x314159265359 (BCD π)
crc	32	块校验
randomised	1	随机化: 0—正常, 1—随机化 (过时的)
origPtr	24	BWT 变换后的指针
huffman_used_map	16	映射 16 字节, 表征/未表征
huffman_used_bitmaps	0~256	符号映射, 表征/未表征, 16 的倍数
huffman_groups	3	使用的哈夫曼表数目: 2~6
selectors_used	15	哈夫曼表交换次数
selector_list	1~6	MTF 变换哈夫曼表 0 尾数: 0~62
start_huffman_length	5	Huffman Delta 起始位长: 0~20
delta_bit_lengths	1~40	Delta 位长
contents	2···	编码的数据流 (直至块尾)
eos_magic	48	结束特征标记: 0x177245385090 (BCD $\sqrt{\pi}$)
crc	32	数据流校验
padding	0~7	补齐字节

bzip2 编译后除生成文件压缩/解压可执行命令以外, 还提供一系列可供其他程序调用

的函数。这些函数由低级接口、高级接口、应用函数逐级调用构成。程序清单 2.2 是采用应用函数对数据压缩和解压的最小样例。以机器周期为单位的压缩/解压时间仅供参考。同 zlib 示例一样, Arm 交叉编译时需要注释掉 "**#define X86**" 这一行代码, 使与 TSC 寄存器相关的语句不起作用。

程序清单 2.2　使用 bzip2 库的例子 sample_bzip2.c

```
1  /*
2   * Filename:  sample_bzip2.c
3   *    使用 bzip2 库的例子.
4   */
5
6  #define    X86      1
7
8  #include <stdlib.h>
9  #include <stdio.h>
10 #include <bzlib.h>
11 #include <string.h>
12
13 #ifdef      X86
14 #  define rdtsc(low,high) \
15       __asm__ __volatile__("rdtsc" : "=a" (low), "=d" (high))
16 #else
17 #  define rdtsc(low,higl)  (low=high=0;)
18 #endif
19
20 int main (int argc, char *argv[])
21 {
22     char *hello = "hello, zlib!";
23     char *src, *dest;
24     unsigned int i, src_l, dest_l, hello_l;
25     int ret;
26     int low1, high1, low2, high2;
27
28     src = malloc(8192);
29     dest = malloc(8192);
30
31     hello_l = strlen(hello);
32     bzero(src, 8192);
33
```

```
34      /* 复制字符串 */
35      for (i = 0; i < 8192 - hello_l; i += hello_l)
36          strcpy(src + i, hello);
37
38      dest_l = 10000;
39      rdtsc(low1, high1);
40      ret = BZ2_bzBuffToBuffCompress(dest, &dest_l, src, 8192, 1, 0, 30);
41      rdtsc(low2, high2);            /* 读压缩前后的时间戳 */
42
43      if(ret != BZ_OK)
44          perror("comress ERR");
45      else {
46          printf("Compress 8192 bytes in %d bytes.\n", dest_l);
47          low2 -= low1;
48          high2 -= high1;
49          if(high2 != 0)
50              low2 += (1UL<<32);
51          printf("Compress time: %x\n", low2);
52      }
53
54      /* 清除缓冲区 */
55      bzero(src, 8192);
56      src_l = 10000;
57
58      rdtsc(low1, high1);
59      ret = BZ2_bzBuffToBuffDecompress(src, &src_l, dest, dest_l, 0, 0);
60      rdtsc(low2, high2);            /* 读取解压前后的时间戳 */
61      if(ret != BZ_OK)
62          perror("Decomress ERR");
63
64      for(i = 0; i < src_l - hello_l; i += hello_l) {
65          if(strncmp(src + i, hello, hello_l)) {
66              printf("Decompress differ at %d.\n", i);
67              return -1;
68          }
69      }
70      for(i = i; i < src_l; i++) {
71          if(src[i]) {
72              printf("Decompress differ at %d.\n", i);
```

```
73          return -2;
74       }
75    }
76    low2 -= low1;
77    high2 -= high1;
78    if(high2 != 0)
79       low2 += (1UL<<32);
80    printf("Decompressed %d bytes OK!\n", src_l);
81    printf("Decompress time: %x\n", low2);
82
83    return EXIT_SUCCESS;
84 }
```

3. 压缩/解压命令

Linux 系统使用 gzip/gunzip 处理 ".gz" 类型的文件, 使用 bzip2/bunzip2 处理 ".bz2" 类型的文件, 使用 xz/unxz 处理 ".xz" 类型的文件。这些压缩/解压命令只处理单个文件。它们常和打包命令 tar 结合使用, 将多个文件或目录/文件结构合压在一个文件中, 或者将一个压缩文件解压还原出目录/文件结构。使用 gzip 的打包命令是:

```
$ tar -zcvf archvefile.tar.gz file-list
```

选项 "-c" 表示创建 (create), "-v" 表示打印详细工作过程 (verbose), "-f" 表示输出到文件 (file), "-z" 表示使用 gzip 命令压缩。如果要使用 bzip2 或 xz 压缩, 选项 "-z" 应分别换成 "-j" 或 "-J"。

解压时, 应将选项 "-c" 换成 "-x" (extract), 压缩格式选项 "-z" "-j" 或 "-J" 不需要特别指定, tar 命令会自己识别文件的压缩格式。如果要手工指定, 格式选项不能与实际文件的格式发生冲突。

2.2.2 编译 dpkg

下载 zlib 并解压, 创建编译目录 build_aarch64, 在编译目录里配置、编译和安装, 代码如下:

```
$ curl -O http://zlib.net/zlib-1.2.11.tar.xz
$ tar xf zlib-1.2.11.tar.xz
$ cd zlib-1.2.11
$ mkdir build_aarch64 && cd build_aarch64
$ cmake .. \
      -DCMAKE_C_COMPILER=aarch64-linux-gcc \
```

```
        -DCMAKE_LINKER=aarch64-linux-ld \
        -DCMAKE_INSTALL_PREFIX=/usr
$ make
$ make install DESTDIR=../pkg_install
$ cd ../pkg_install
$ find . \( -type f -a -perm /a+x \) -exec aarch64-linux-strip {} \;
$ cp -ar * /home/devel/target
```

zlib 源码既提供 configure 文件也提供 CMakeLists.txt 文件, 但它的 configure 风格与大多数软件不同。上面代码使用了 cmake的配置方案。

　　通过 `make install` 命令安装后, pkg_install 目录保持了完整的移植结构, 在移植到目标系统时, 可以直接按此结构复制。其中的 usr/include/ 中的头文件、usr/lib/中的库文件 (静态库.a 文件和共享库.so 文件) 和.la 文件、usr/lib/pkgconfig 中的.pc 文件用于提供二次开发, 其他部分作为系统运行资源。动态库同时也是上层软件运行的共享资源。为了缩小软件体积, 可以用 strip命令去除软件包中的二进制可执行程序和库的符号信息。一些软件在安装时会默认进行 strip 处理。zlib、bzip2 和 xz 是 Linux 系统的常用压缩/解压工具包, 也是很多软件的可选依赖库。对于绝大多数依赖数据压缩的软件, zlib 是必需的, 而 bzip2 和 xz 都是可选项。

2.2.3　安装包格式

　　为使用 dpkg 制作安装包, 需要在上面的软件安装目录 pkg_install 下创建 DEBIAN 目录, 该目录下通常可以包含下面几个文件:

```
pkg_install
    |-- usr/
    |    |
    |    `--lib/
    DEBIAN
    |-- control        # 软件包简明信息
    |-- preinst        # 脚本, 安装前运行
    |-- postinst       # 脚本, 安装后运行
    |-- prerm          # 脚本, 删除前运行
    `-- postrm         # 脚本, 删除后运行
```

其中, 除了 control 是必需的文件以外, 其他几个文件可根据需要添加。control 包含软件包名称、版本、维护者、所属分类、依赖及软件说明等信息。例如, 针对 zlib, 大致可以有如下内容:

```
Package: zlib
Version: 1.2.11
```

```
Architecture: arm
Maintainer: Jean-loup Gailly (jloup@gzip.org) et al.
Depends:
Section: compress
Description: A general purpose (ZIP) data compression library
```

其中的 Depends 信息很重要, 安装时会检查依赖关系, 在不满足依赖条件时拒绝安装该软件; 卸载时也会检查依赖, 发现该软件被其他软件依赖时也不能删除。这些信息在软件安装后会被记录在 /var/lib/dpkg/status 文件中, 作为本地软件数据库的一部分。如果在安装前后或者删除前后需要一些额外的处理, 可以通过 preinst、postinst 等程序完成, 它们通常都是脚本文件, 且应具有可执行属性。

理论上绝大多数软件都依赖 GLibc。但由于之前在制作根文件系统时, GLibc 是通过手工复制到 Ext4 分区的, dpkg 数据库中没有记录 GLibc 的信息, 使用 dpkg安装/卸载其他软件时会找不到依赖关系, 因此在本书讨论的移植方法中, 所有软件包的 control 文件都没有编写对 GLibc 的依赖项。

使用 dpkg 的-b 选项指定目录, 生成安装包:

```
$ fakeroot dpkg -b pkg_install zlib_1.2.11-PArm_aarch64.deb
```

fakeroot命令用于模仿 root 的行为, 将安装包内的文件权限设置为 root 权限。安装到目标系统后, 文件属性自动设为root。否则, 需要在目标系统安装后手动修改文件属性。一些系统软件工具必须具有 root 的可执行属性才能正常工作。

习惯上, Debian 安装包的一般格式是 "软件名_版本号-发行版名_架构.deb" (此处假定我们为自制的系统命名为 "PArm", 名称取自 Pi 和 Arm 的组合)。注意其中下画线和短横线的区别: 下画线用于字段的分隔, 短横线用于字段内文字信息的分隔。版本号应使用数字表示 (或至少要用数字开头), 以便在检查版本依赖关系时可以进行新旧对比。安装软件包时, dpkg会根据安装包文件名各个字段拆解, 用于填写包管理数据库。

除了为每个软件单独制作安装包以外, 考虑到系统开发的持续性, 还应该将每个软件编译后的结果集中于一个目录, 以便在编译上层软件时可以方便地查找头文件和链接依赖库。将 pkg_install 目录下的内容复制到 /home/devel/target/ 的目的就在于此。确保该目录有写入权限。以下假定所有交叉编译的结果都集中在 /home/devel/target/ 下。

至此, 完成了 zlib 的编译和安装工作。

编译上层软件时需要用 gcc 的-I 选项指定包含依赖库的头文件路径, 链接时需要用 gcc 的 -L 选项和 -l 选项指明库文件搜索路径和库名。这些信息均已存在于每个库的 ".pc" 文件中, 在交叉编译时, 只需按下面的方式将环境变量PKG_CONFIG_PATH (有些软件配置使用环境变量PKG_CONFIG_LIBDIR) 指向 pkgconfig 目录, 主机的 pkg_config 会自动找到它们

并确认依赖关系:

```
$ export PKG_CONFIG_SYSROOT_DIR="/home/devel/target"
$ export PKG_CONFIG_PATH="$PKG_CONFIG_SYSROOT_DIR/usr/lib/pkgconfig
$ export PKG_CONFIG_LIBDIR=$PKG_CONFIG_PATH
```

　　对于不提供 ".pc" 文件的软件包, 或者依赖文件没有存放在规定路径的软件, 配置编译环境时使用 GNU Make 的变量 CFLAGS 和 CXXFLAGS 分别指定 C 语言和 C++ 的头文件路径, CPPFLAGS 指定 C/C++预处理的头文件路径, 使用 LDFLAGS 指定链接路径:

```
$ export CFLAGS="-I/home/devel/target/usr/include"
$ export CXXFLAGS="$CFLAGS"
$ export CPPFLAGS="$CFLAGS"
$ export LDFLAGS="-L/home/devel/target/usr/lib"
```

　　一些多层次依赖库, 还需要通过 "-Wl" 选项将递归链接的库路径传给链接器:

```
$ export LDFLAGS="$LDFLAGS -Wl,-rpath-link=/home/devel/target/usr/lib"
```

　　下面是 bzip2 的编译过程。bzip2 的源码软件包的结构也比较特殊, 它直接提供了两个 GNU Make 脚本: Makefile 和 Makefile-libbz2_so。完整的 Makefile 编译包含了运行测试程序, 这在交叉编译中会导致错误而中断编译过程, 除非手动修改 Makefile, 去掉运行测试程序的部分。BusyBox已经有了 bzip2 的压缩和解压程序 bzip2, 只需要 bzip2 库的部分, 不需要再额外编译 bzip2 程序。这里使用软件包里提供的 Makefile-libbz2_so 作为 GNU Make 的编译脚本:

```
$ curl -O https://sourceware.org/pub/bzip2/bzip2-1.0.8.tar.gz
$ tar xf bzip2-1.0.8.tar.gz
$ cd bzip2-1.0.8
$ make -f Makefile-libbz2_so CC=aarch64-linux-gcc
$ aarch64-linux-strip libbz2.so.1.0.8
$ mkdir -p pkg_install/usr/include pkg_install/usr/lib
$ cp bzlib.h pkg_install/usr/include
$ ln -s libbz2.so.1.0.8 libbz2.so
$ cp -P libbz2.so* pkg_install/usr/lib
$ cp -ar pkg_install/* /home/devel/target
```

制作安装包方法与 zlib 类似, 以下不再重复。

xz 使用较常用的简单配置、编译方法, 这里只写出编译配置选项的过程:

```
$ ../configure \
    --host=aarch64-linux \
    --prefix=/usr \
    --sysconfdir=/etc \
    --enable-shared \
    --disable-static
```

大多数库都可以采用这种配置过程, 以下为简单起见, 将这样的 configure 过程称为 "标准配置过程"。对于需要配置文件的软件 (如 OpenSSH、Fontconfig 等), 配置文件的起点设置为/etc; 只生成应用程序、不产生库的软件, --enable-shared 和 --disable-static 不起作用。少数软件配置时会因指定了不存在的选项而报错, 注意错误提示。

最后, 编译 dpkg:

```
$ curl -O http://ftp.debian.org/debian/pool/main/d/dpkg/dpkg-1.18.24.tar.xz
$ tar xf dpkg-1.18.24.tar.xz
$ cd dpkg-1.18.24
$ mkdir build_aarch64 && cd build_aarch64
$ ../configure \
    --host=aarch64-linux \
    --prefix=/usr \
    --without-libselinux \
    --disable-dselect \
    --disable-start-stop-daemon \
    --disable-update-alternatives
$ make
$ make install DESTDIR=/home/devel/dpkg-1.18.24/pkg_install
```

配置编译环境时会自动检测 zlib、bzip 和 lzma 库是否已经存在。如果不想使用其中的某个压缩算法 (例如 lzma), 可以在 configure 选项中加入 --without-liblzma 将其从依赖关系中去除。--disable- 去掉了 dpkg 中的一些不常用功能, 其中dselect 用字符界面的菜单形式管理软件包, 它使用 ncurses 库。如果需要此功能, 应先编译 ncurses。

2.3 安装软件包

移植系统时, 所有在 PC 上交叉编译的软件都可以按相同的目录结构复制到目标系统, 但不便于管理和升级, 也不容易确定依赖关系是否解决。包管理软件正是出于解决这些问题的目的而设计的。

　　利用之前建立的 NFS 共享方式, 将主机 NFS 服务目录挂载到树莓派的 /mnt 目录, 将主机上制作的 deb 安装包复制到 NFS 服务器目录, 在树莓派的 /mnt 目录中由下至上逐一安装这些 ".deb" 文件。重复依赖的软件包只需要安装一次。先用 BusyBox 提供的 dpkg 安装初级软件包, 等 dpkg 安装后将 /bin/dpkg 删除, 使用新安装的 dpkg 代替。新安装的 dpkg 应该在 /usr/bin/ 目录。

　　用 dpkg 管理软件, 需要先创建 /var/lib/dpkg/info 目录、/var/lib/dpkg/updates 目录和 /var/lib/dpkg/status 文件。其中 info 目录中将存放每个软件包中的文件清单, status 文件记录了每个安装包基本信息及其依赖关系, updates 目录通常是空的。以下是安装过程:

```
# mkdir -p /var/lib/dpkg/info /var/lib/dpkg/updates/
# touch /var/lib/dpkg/status
# dpkg -i zlib_1.2.11-PArm_aarch64.deb
# dpkg -i bzip2_1.0.8-PArm_aarch64.deb
# dpkg -i xz_5.2.4-PArm_aarch64.deb
# dpkg -i dpkg_1.18.24-PArm_aarch64.deb
# (此时可删除BusyBox的 /bin/dpkg，之后使用dpgk包中的命令)
# dpkg -i dosfstools_4.1-PArm_aarch64.deb
# dpkg -i e2fsprogs_1.44.0-PArm_aarch64.deb
```

至此, 通过 dpkg 系统已具备了软件包管理能力。之后的软件包都可以通过 dpkg 安装、卸载和升级。

2.4　其他软件编译

　　本节移植一些较常用的 Linux 基础软件, 这些软件本身对系统的运行可能并非必需, 但其中会涉及一些比较重要的基础库。

2.4.1　Vim 编辑器

　　Vim 依赖 ncurses 库。ncurses (new curses) 库提供一组 API 函数, 用于支持在字符终端环境生成窗口和菜单, 模仿图形界面的效果, 实现类图形化接口形式。之前我们已经在使用 "make menuconfig" 配置内核和 BusyBox 时见过这种界面。程序清单 2.3 是在字符终端演示烟花的一个例子, 某一瞬间屏幕效果见图 2.3。

　　在 GTK、MOTIF 等图形库的支持下, Vim 还可以生成图形界面的编辑器 gvim。相关软件源如下:

```
ncurses 主页: https://invisible-island.net/ncurses/ncurses.html
ncurses 源码: https://invisible-mirror.net/archives/ncurses/ncurses-6.1.tar.gz
vim 主页: https://www.vim.org
vim 源码: http://ftp.vim.org/pub/vim/unix/vim-8.0.tar.bz2
```

程序清单 2.3　ncurses 库示例 sample_ncurses.c

```c
1  /*
2   * firework_ncurses.c
3   * 编译命令:
4   *     gcc -o firework_ncurses firework_ncurses.c -lncurses
5   */
6
7  #include <ncurses.h>
8  #include <stdlib.h>
9  #include <unistd.h>
10
11 static void showit(void)
12 {
13     int ch;
14     usleep(120000);                    // 控制节奏
15     if ((ch = getch()) != ERR) {
16         if (ch == 'q') {               // 'q'键退出
17             curs_set(1);
18             endwin();
19             exit(EXIT_SUCCESS);
20         } else if (ch == 's') {        // 's'键暂停
21             nodelay(stdscr, FALSE);
22         } else if (ch == ' ') {        // 空格键继续
23             nodelay(stdscr, TRUE);
24         }
25     }
26 }
27
28 int get_color(chtype * bold)
29 {
30     int attr;
31     attr = (rand() % 16) + 1;
32
```

```
33        if (attr > 8) {
34            *bold = A_BOLD;
35            attr &= 7;
36        } else
37            *bold = A_NORMAL;
38
39        return attr;
40 }
41
42 void setfire(int row, int col, char *str[])
43 {
44        chtype bold;
45
46        init_pair(1, get_color(&bold), COLOR_BLACK);
47        attrset(COLOR_PAIR(1) | bold);
48        mvprintw(row - 2, col - 2, str[0]);
49        mvprintw(row - 1, col - 2, str[1]);
50        mvprintw(row + 0, col - 2, str[2]);
51        mvprintw(row + 1, col - 2, str[3]);
52        mvprintw(row + 2, col - 2, str[4]);
53        showit();
54 }
55
56 void explode(int row, int col)
57 {
58        char *fire[][5] = {        // 烟花形状
59            {"     ",
60             "  -  ",
61             " -+- ",
62             "  -  ",
63             "     "},
64            {" --- ",
65             "-+++-",
66             "-+#+-",
67             "-+++-",
68             " --- "},
69            {" +++ ",
70             "++#++",
71             "+# #+",
```

```
72             "++#++",
73             " +++ "},
74           {"  #  ",
75            "## ##",
76            "#   #",
77            "## ##",
78            "  #  "},
79           {" # # ",
80            "#   #",
81            "     ",
82            "#   #",
83            " # # "}};
84
85     for (int i = 0; i < 5; i++)
86         setfire(row, col, fire[i]);
87 }
88
89 int main(int argc, char *argv[])
90 {
91     int start, end, row, diff, flag = 0, direction;
92
93     initscr();                     // 初始化 ncurses 库
94     cbreak();                      // 接收键盘字符无须按Enter键
95     noecho();                      // 键盘输入无回显
96     nodelay(stdscr, TRUE);         // 非阻塞 getch()
97
98     if (has_colors())
99         start_color();             // 彩色字符
100    curs_set(0);
101
102    for (;;) {
103        do {                                    // 计算发射方向
104            start = rand() % (COLS - 3);
105            end = rand() % (COLS - 3);
106            start = (start < 2) ? 2 : start;
107            end = (end < 2) ? 2 : end;
108            direction = (start > end) ? -1 : 1;
109            diff = abs(start - end);
110        } while (diff < 2 || diff >= LINES - 2);
```

```
111         attrset(A_NORMAL);
112         for (row = 0; row < diff; row++) { // 画发射线
113             mvprintw(LINES - row, start + (row * direction),
114                     (direction < 0) ? "\\" : "/");
115             if (flag++) {
116                 showit();
117                 erase();
118                 flag = 0;
119             }
120         }
121         if (flag++) {
122             showit();
123             flag = 0;
124         }
125         explode(LINES - row, start + (diff * direction));
126         erase();
127     }
128 }
```

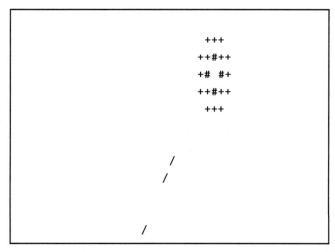

图 2.3　用 ncurses 库模仿的烟花

编译 ncurses 的配置过程如下:

```
$ ../configure \
  --host=aarch64-linux \
  --prefix=/usr \
  --with-shared \
```

```
  --without-debug \
  --without-normal \
  --with-termlib \
  --without-progs
```

如果需要产生图形方式的 gvim, 可在完成 GTK之后再编译 Vim, 在配置时用选项 --enable-gui=gtk3 指定图形库, 否则此时就可以着手编译 Vim 了。Vim 不支持另建目录编译。

```
$ curl -O http://ftp.vim.org/pub/vim/unix/vim-8.0.tar.bz2
$ tar xf vim-8.0.tar.bz2
$ cd vim80
$ ./configure \
  --host=aarch64-linux \
  --prefix=/usr \
  --enable-gui=no \
  --without-x \
  --with-tlib=ncurses
$ make
$ make install DESTDIR=/home/devel/vim80/pkg_install
```

2.4.2 时区数据

时区数据软件源如下:

```
timezone 主页: https://www.iana.org/time-zones
timezone 源码: https://data.iana.org/time-zones/releases/tzdb-2019b.tar.lz
```

timezone 没有提供配置工具, 直接提供了一个 Makefile。交叉编译时需要修改 Makefile 文件中指定的编译器变量 CC, 在生成时区数据时还要运行时区数据编译器 zic 命令, 但交叉编译出来的 zic 命令是不能在主机上运行的。实际上, 时区数据可以直接用 PC 编译器编译, 不需要交叉编译。安装后只保留数据文件, 删除库和二进制程序。移植时只需要将生成的数据文件复制到目标系统的 /usr/share/zoneinfo/ 目录即可。编译时区数据的过程如下:

```
$ wget https://data.iana.org/time-zones/releases/tzdb-2019b.tar.lz
$ tar xf tzdb-2019b.tar.lz
$ cd tzdb-2019b
$ make install DESTDIR=./install_pkg
$ rm -rf install_pkg/bin install_pkg/sbin install_pkg/lib
```

正确设置系统时间, 还需要完成下面两项工作。

(1) 从时间服务器获取标准时间。NTP 服务器通过众所周知的端口 (123/UDP) 向用户提供标准时间数据。BusyBox已包含了 NTP守护进程命令 ntpd, 它从文件 /etc/ntp.conf 设置的服务器中获取 UTC 时间。配置文件 ntp.conf 是一个时间服务器列表:

```
server 0.cn.pool.ntp.org
server 1.cn.pool.ntp.org
```

(2) 将对应时区数据文件链接到文件 /etc/localtime。例如, 下面是使用北京时间的做法:

```
# ln -sf /usr/share/zoneinfo/PRC /etc/localtime
```

启动 NTP 只需要执行:

```
# ntpd -q
```

系统联网后从时间服务器获得正确的时间, ntpd 自动结束退出。系统通过 /etc/localtime 将标准时间转换到本地时间。

2.4.3　文件系统工具

与文件系统工具相关的软件源如下:

```
e2fsprogs 主页: urlhttps://ext4.wiki.kernel.org
e2fsprogs 源码: https://sourceforge.net/projects/e2fsprogs/files/e2fsprogs/v1.44.0/
    ↪ e2fsprogs-1.44.0.tar.gz
dosfstools 源码: https://github.com/dosfstools/dosfstools/releases/download/v4.1/
    ↪ dosfstools-4.1.tar.xz
```

对于树莓派来说, 文件系统维护工具不是必需的, 因为 microSD 卡的修复工作可以在 PC 上完成。只有那些带有板载只读存储器的设备需要文件系统维护工具。下面是交叉编译 e2fsprogs 和 dosfstools 的配置命令, 软件包下载及后期编译、安装包制作过程从略。

```
$ ../configure --host=aarch64-linux --prefix=/usr
```

2.4.4　bash

bash 及其依赖的软件源如下:

```
readline 主页: https://www.gnu.org/software/readline
readline 源码: ftp://ftp.cwru.edu/pub/bash/readline-8.0.tar.gz
bash 主页: https://www.gnu.org/software/bash
bash 源码: https://ftp.gnu.org/gnu/bash/bash-4.4.tar.gz
```

bash 依赖 readline 库提供的命令行编辑功能。虽然 bash 源码中已经包含了 readline, 但 readline 可能还会有其他软件用到, 为了提高系统软件的共享资源利用率, 这里独立编译 readline, 并在配置 bash 编译环境时指定使用共享库。配置 readline 使用标准配置过程。

bash 配置选项如下:

```
$ ../configure \
    --host=aarch64-linux \
    --prefix=/usr \
    --with-curses \
    --with-installed-readline
```

2.4.5 systemd

systemd 及其依赖的软件源如下:

```
libcap 源码: https://www.kernel.org/pub/linux/libs/security/linux-privs/libcap2/
    ↪ libcap-2.27.tar.xz
util-linux 源码: https://www.kernel.org/pub/linux/utils/util-linux/v2.33/util-linux
    ↪ -2.33.2.tar.xz
systemd 主页: https://www.freedesktop.org/wiki/Software/systemd
systemd 源码: https://github.com/systemd/systemd
```

libcap 没有单独的配置工具, 也不支持另建目录编译。这里直接使用软件包提供的 Makefile, 通过设置编译变量和参数进行编译, 仅编译库的部分。编译和安装过程如下:

```
$ make install DESTDIR=/home/devel/libcap-2.27/install_pkg \
    CC=aarch64-linux-gcc \
    BUILD_CC=gcc \
    BUILD_CFLAGS="-I libcap/include" \
    prefix=/usr \
    lib=/lib \
    -C libcap
```

编译 util-linux 的主要目的是生成 systemd 及其他上层软件所需的共享库, 有时也会用它生成 Linux 的基本命令。由于大量的基本命令都已在 BusyBox中存在, 不需要重复制作, 可以在配置 util-linux 时用选项`--disable-all-programs` 将它们全部排除。如果有单独的需要, 可用`--enable-` 逐个增加。配置命令如下:

```
$ ../configure \
   --host=aarch64-linux \
   --prefix=/usr \
   --disable-all-programs \
   --without-ncurses \
   --without-tinfo \
   --without-systemd \
   --enable-libuuid \
   --enable-libblkid \
   --enable-libmount \
   --enable-libsmartcols \
   --disable-static \
   --enable-shared
```

systemd 源码包中不含 configure, 需先通过 autogen.sh 生成 configure, 再配置编译环境:

```
下载 systemd 源码、解压 , 进入解压目录
$ ./autogen.sh
$ mkdir build_aarch64 && cd build_aarch64
$ ../configure \
   --host=aarch64-linux \
   --prefix=/usr \
   --disable-selinux \
   --disable-libcurl \
   --disable-libidn \
   --disable-dbus \
   --disable-xkbcommon \
   --without-python \
   --disable-tests \
   --disable-gcrypt \
   --enable-shared \
   --disable-static \
   --disable-logind \
   --disable-microhttpd \
```

```
    --disable-apparmor \
    ...
$ (编译、安装过程从略)
```

这里编译 systemd 的主要目的是得到 udev 和 libudev。为使系统精简, 不需要的守护进程工具可通过--disable-选项排除。由于可支持 systemd 的功能不会在配置过程中自动检测, 因此一些暂时未编译的支持库也要排除, 否则编译过程中会发现找不到这些库而出错。

　　systemd 安装后, /usr/lib/udev/rules.d/ 目录下的脚本文件描述了设备文件的生成规则。当系统检测到有新的设备插入时, 就会按这样的规则在 /dev/ 目录下创建设备文件。为了让系统能及时检测到新的设备, 系统需要启动 UDEV 守护进程。udevd 程序来自 /usr/lib/systemd/systemd-udevd 。为方便使用, 将其链接到系统命令目录:

```
# ln -s /usr/lib/systemd/systemd-udevd /usr/sbin/udevd
```

再建立一个 udevd 的服务管理脚本 (见程序清单 2.4), 并将其纳入系统启动服务。启动服务管理方法见 1.5.4 节的介绍。

程序清单 2.4　　udevd 服务管理脚本/etc/init.d/udevd

```
1  #!/bin/sh
2
3  case "$1" in
4      start)
5          echo "" > /proc/sys/kernel/hotplug
6
7          echo "Starting the hotplug events dispatcher udevd"
8          /usr/sbin/udevd --daemon 2>/dev/null >/dev/null
9
10         echo "Synthesizing initial hotplug events"
11         /usr/bin/udevadm trigger
12         /usr/bin/udevadm settle --timeout=300
13         ;;
14     stop)
15         ;;
16     reload)
17         /usr/bin/udevadm control --reload-rules
18         ;;
19     *)
20         echo "Usage: /etc/init.d/udev {start|stop|reload}"
```

```
21          exit 1
22          ;;
23 esac
24
25 exit 0
```

2.5 网络工具

Linux 系统提供丰富的网络功能。本节移植一些常用的网络工具, 它们的依赖关系如图 2.4所示。

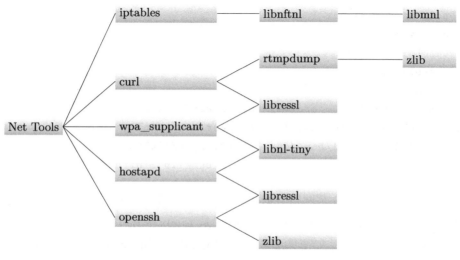

图 2.4   常用网络工具及其依赖关系

2.5.1 编译网络工具

(1) iptables 是面向系统管理员的网络数据包过滤规则的命令行配置工具, 常用于管理网络防火墙。libmnl 和 libnftnl 为 iptables 提供底层用户空间的 API 函数。软件资源如下:

```
libmnl 主页: https://netfilter.org/projects/libmnl
libmnl 源码: https://netfilter.org/projects/libmnl/files/libmnl-1.0.4.tar.bz2
libnftnl 主页: https://netfilter.org/projects/libnftnl
libnftnl 源码: https://netfilter.org/projects/libnftnl/files/libnftnl-1.1.5.tar.bz2
iptables 主页: https://netfilter.org/projects/iptables
iptables 源码: https://netfilter.org/projects/iptables/files/iptables-1.8.4.tar.bz2
```

这三个软件应逐层由下至上编译。libmnl 不依赖其他库, 使用标准配置过程编译; 配置 libnftnl 需要传递 libmnl 的安装路径:

```
$ ../configure \
    --host=aarch64-linux \
    --prefix=/usr \
    --enable-shared \
    --disable-static \
    LIBMNL_CFLAGS="-I/home/devel/target/usr/include" \
    LIBMNL_LIBS="-L/home/devel/target/usr/lib -lmnl"
```

配置 iptables 需要传递 libmnl 和 libnftnl 的安装路径:

```
$ ../configure \
    --host=aarch64-linux \
    --prefix=/usr \
    --enable-shared \
    --disable-static \
    --disable-ipv6 \
    libmnl_CFLAGS="-I/home/devel/target/usr/include" \
    libmnl_LIBS="-L/home/devel/target/usr/lib -lmnl" \
    libnftnl_CFLAGS="-I/home/devel/target/usr/include" \
    libnftnl_LIBS="-L/home/devel/target/usr/lib -lnftnl"
```

(2) cURL (Client URL) 是网络数据传输客户端。目前支持包括 HTTP、HTTPS、FTP、TELNET、SCP、LDAP 在内的多种网络协议, 是 Linux 系统中常用的命令行网络文件下载工具。在数据加密传输时, 加密算法可通过 LibreSSL、OpenSSL 或 GNUTLS 库支持。

cURL 还支持实时消息协议 (Real-Time Messaging Protocol, RTMP) 流媒体文件传输。此功能是 cURL 的一个选项, 需要 RTMPDump 库支持。

cURL 及其依赖的软件源如下:

```
openssl 主页: https://www.openssl.org
openssl 源码: https://www.openssl.org/source/openssl-1.1.1f.tar.gz
gnutls 主页: https://www.gnutls.org
gnutls 源码: https://www.gnupg.org/ftp/gcrypt/gnutls/v3.6/gnutls-3.6.12.tar.xz
libressl 主页: https://www.libressl.org
libressl 源码: https://ftp.openbsd.org/pub/OpenBSD/LibreSSL/libressl-2.7.2.tar.gz
rtmpdump 主页: https://rtmpdump.mplayerhq.hu
rtmpdump 源码: git://git.ffmpeg.org/rtmpdump
curl 主页: https://curl.haxx.se
curl 源码: https://curl.haxx.se/download/curl-7.54.0.tar.bz2
```

OpenSSL 是安全套接字层 (Secure Sockets Layer, SSL) 和传输层安全 (Transport Layer Security, TLS) 协议的开源实现, 是 Linux 系统中重要的安全库, 许多网络工具都依赖这个库。但由于它的版权协议与 GPL 不兼容, 因此 GNU 项目自 2003 年开始开发了另一套开源库 GNUTLS [①]。

LibreSSL 是源自 OpenSSL 的一个分支。2014 年 4 月, OpenSSL-1.0.1 的某些版本曝出一个严重的安全漏洞, 项目组开始研发了这个新项目, 大幅删减了来自主线的代码。本系统出于简化目的, 采用 LibreSSL。

安装 LibreSSL 时希望把配置文件安装在/etc/ 而不是二级目录结构 /usr/etc/, 这个安装目录通过配置选项`--with-opensshdir` 指定, 下面是配置过程:

```
$ ../configure \
    --host=aarch64-linux \
    --prefix=/usr \
    --with-openssldir=/etc \
    --disable-static \
    --enable-shared
```

编译、安装过程从略。

RTMPDump 没有自动配置编译选项功能, 也不支持另建目录编译, 编译、安装过程如下:

```
$ make prefix=/usr \
      CROSS_COMPILE=aarch64-linux- \
      OPT="" \
      XCFLAGS="-I/home/devel/target/usr/include" \
      XLDFLAGS="-L/home/devel/target/usr/lib" \
      XLIBS="-lm"
$ make DESTDIR=./pkg_install \
      prefix=/usr \
      CROSS_COMPILE=aarch64-linux- \
      OPT="" \
      XCFLAGS="-I/home/devel/target/usr/include" \
      XLDFLAGS="-L/home/devel/target/usr/lib" \
      XLIBS="-lm" \
      install
```

---

① 2012 年, 因 GNUTLS 开发者与自由软件基金会负责人之间关于版权协议的矛盾, GNUTLS 从 GNU 项目中脱离, 目前以 LGPLv2.1 版权协议发布。

配置 cURL 编译选项可以使用标准配置过程, 如果不需要 RTMPDump 库支持, 可在标准配置选项中增加一条 "`--without-librtmp`"。

(3) 无线网卡工具 hostapd 和 wpa_supplicant。hostapd 是用户空间的无线接入守护进程, 用于管理主机的无线接入点。wpa_supplicant 是 WiFi 保护接入 (WiFi Protected Access, WPA) 客户端。它们依赖一个网络链路层协议库 libnl, 此处使用该库的一个小型化替代版本 libnl-tiny。hostapd 和 wpa_supplicant 的加密算法基于 LibreSSL 库。

与无线网卡相关的软件源如下:

```
libnl-tiny 主页: https://wiki.openwrt.org/doc/techref/libnl
libnl-tiny 源码: http://ftp.barfooze.de/pub/sabotage/tarballs/libnl-tiny-1.0.1.tar.xz
hostapd 主页: http://w1.fi/hostapd
hostapd 源码: http://w1.fi/releases/hostapd-2.8.tar.gz
wpa_supplicant 主页: http://w1.fi/wpa_supplicant
wpa_supplicant 源码: http://w1.fi/releases/wpa\_supplicant-2.8.tar.gz
```

libnl 来自 OpenWrt (一个基于嵌入式 Linux 的无线路由器操作系统) 项目。libnl-tiny 不提供编译配置工具, 因此在使用 Makefile 编译时需要手动指定编译器 `aarch64-linux-gcc`, 用于替代 GNU Make 默认的 CC 变量。源码 include/linux 中的头文件可能会与编译系统冲突, 需要删除。编译及安装过程如下:

```
$ rm -rf include/linux
$ make prefix=/usr \
      CC=aarch64-linux-gcc \
      STATICLIB=""
$ make prefix=/usr \
      CC=aarch64-linux-gcc \
      STATICLIB="" \
      DESTDIR=./pkg_install \
      install
```

以上不编译静态库, 只编译共享库, 同时供 wpa_supplicant 和 hostapd 使用。

hostapd 没有自动配置工具, 内部预制了一个配置文件 defconfig。编译时使用.config。交叉编译时只要做个编译器替换、复制这个文件, 原则上就可以编译了。但由于用 libnl-tiny 代替了 libnl, 还需要修改.config 文件中定义的依赖库, 即: 将 `CONFIG_LIBNL32` 这一行注释掉。下载、编译、安装的过程如下:

```
$ curl -O http://w1.fi/releases/hostapd-2.8.tar.gz
$ tar xf hostapd-2.8.tar.gz
$ cd hostapd-2.8/hostapd
```

```
$ CFLAGS="-D_GNU_SOURCE \
    -I/home/devel/target/usr/include \
    -I/home/devel/target/usr/include/libnl-tiny"
$ cp defconfig .config
$ (修改配置文件 .config)
$ make \
    CC=aarch64-linux-gcc \
    CONFIG_LIBNL20=y \
    CONFIG_LIBNL_TINY=y \
    LDFLAGS="-L/home/devel/target/usr/lib -lnl-tiny"
$ make install DESTDIR=../pkg_install \
    CC=aarch64-linux-gcc \
    CONFIG_LIBNL20=y \
    CONFIG_LIBNL_TINY=y \
    LDFLAGS="-L/home/devel/target/usr/lib -lnl-tiny" \
    BINDIR=/usr/bin
```

wpa_supplicant 是受保护的 WiFi 接入请求客户端, 也是 Linux 系统中常用的无线接入管理工具。wpa_supplicant 的代码风格与 hostapd 完全一样, 内容也有很大部分重叠, 编译方法大同小异, 需要修改的地方也差不多。由于它默认还依赖 DBus 库, 为了避免在此时编译 DBus, 还应将配置文件中的 CONFIG_CTRL_IFACE_DBUS_NEW 和 CONFIG_CTRL_IFACE_DBUS_INTRO 两行注释掉。

(4) OpenSSH, 基于 Secure Shell 协议的安全网络连接应用, 它包含 SSH 的服务器和客户端、文件传输及密钥管理等功能。OpenSSH 依赖 zlib 和 LibreSSL 或 OpenSSL, 这里使用了 LibreSSL。

OpenSSH 软件源如下:

```
openssh 主页:https://www.openssh.com/
openssh 源码:http://ftp.openbsd.org/pub/OpenBSD/OpenSSH/portable/openssh-7.5p1.tar.gz
```

根据 PC 上的路径习惯, 按下面的方式配置 OpenSSH (因为缺省的配置方式会将 SSH 的配置文件保存在 FHS的二级目录结构中):

```
$ ../configure \
    --host=aarch64-linux \
    --prefix=/usr \
    --sysconfdir=/etc/ssh \
    --disable-strip
```

安装 OpenSSH 时默认会调用 strip 命令, 而交叉编译的二进制文件不能被主机的 strip 命令识别, 因此在配置时用--disable-strip 去掉这个步骤。如果需要 strip, 可在安装后手动使用 aarch64-linux-strip 命令处理。安装过程中还会试图使用交叉编译出的 sshd 创建密钥, 由此导致错误。这项错误可以忽略, 创建密钥的工作在目标系统上完成。

在树莓派上安装了 OpenSSH 包后, 还需要编写一个脚本管理 SSH 服务, 如程序清单 2.5 所示。

程序清单 2.5　OpenSSH 服务脚本 /etc/init.d/sshd

```
1  #!/bin/sh
2  # SSH 服务管理脚本程序
3
4  NAME=sshd
5  DESC="SSH server"
6  DAEMON=/usr/sbin/sshd
7  OPTIONS=""
8  PIDFILE=/var/run/sshd.pid
9
10 case "$1" in
11   start)
12     # 启动 SSH 服务需要 RSA 和 DSA 主机密钥文件
13     if [ ! -e /etc/ssh/ssh_host_rsa_key ]; then
14       echo "Generating $NAME rsa key... "
15       ssh-keygen -q -t rsa -f /etc/ssh/ssh_host_rsa_key
16     fi
17     if [ ! -e /etc/ssh/ssh_host_dsa_key ]; then
18       echo "Generating $NAME dsa key... "
19       ssh-keygen -q -t dsa -f /etc/ssh/ssh_host_dsa_key
20     fi
21     echo "Starting $DESC: $NAME... "
22     start-stop-daemon --start --quiet --oknodo --pidfile \
23         $PIDFILE --exec $DAEMON -- $OPTIONS
24     ;;
25   stop)
26     if [ ! -e $PIDFILE ]; then
27       echo "$NAME is not running."
28       exit 1
29     fi
30     echo "Stopping $DESC: $NAME... "
31     start-stop-daemon --stop --quiet --oknodo --pidfile $PIDFILE
32     ;;
33   restart)
34     if [ ! -e $PIDFILE ]; then
```

```
35        echo "$NAME is not running."
36        exit 1
37      fi
38      echo "Restarting $DESC: $NAME... "
39      start-stop-daemon --stop --quiet --oknodo --retry 30 \
40          --pidfile $PIDFILE
41      sleep 2
42      start-stop-daemon --start --quiet --oknodo --pidfile \
43          $PIDFILE --exec $DAEMON -- $OPTIONS
44      ;;
45    status)
46      if [ -e $PIDFILE ]; then
47        echo "$NAME is running."
48        exit 0
49      else
50        echo "$NAME not running."
51        exit 1
52      fi
53      ;;
54    *)
55      echo "Usage: /etc/init.d/sshd [start|stop|restart|status]"
56      exit 1
57      ;;
58  esac
59  exit 0
```

大多数服务器用 start-stop-daemon 管理, start-stop-daemon 来自 BusyBox, 它通过创建进程 ID 文件 (PIDFILE) 识别管理的守护进程。在这个管理脚本中, PID 文件被设定为/var/run/sshd.pid, 因此需要事先创建 /va/run 目录。在启动进程时, 它会在进程表中扫描与进程名称、父进程 ID 相同的进程, 以避免重复启动进程; 终止进程时向所有匹配的进程发送信号 SIGTERM。

首次启动 SSH 服务时需要在主机上创建密钥 (见代码第 12~20 行)。SSH 服务的配置文件是 /etc/ssh/sshd_config, 它来自 OpenSSH 源码, 其中的 HostKey 项应与这里创建的密钥文件一致, 并去掉这一行的注释符 "#", 即:

```
...
HostKey /etc/ssh/ssh_host_rsa_key
HostKey /etc/ssh/ssh_host_dsa_key
...
```

为了安全起见, 在 PC 上是不允许 root 直接登录的, 这个选项由配置文件中的 PermitRoot-Login 项指定。在树莓派上, 为了允许 root 登录, 应将这个选项设为 "yes"。如果将来需要使用图形功能, X11Forwarding 也应该设为 "yes"。

一些小型嵌入式系统出于节省资源方面的考虑, 会使用 dropbear 代替 OpenSSH。有关 dropbear 的移植和使用见 2.5.4 节。

2.5.2 远程连接

树莓派启动 SSH 服务后, 其他电脑作为客户端, 通过命令 ssh 登录树莓派的用户 pi:

```
$ ssh pi@192.168.2.100
```

首次登录时, 系统会给出安全提示。一旦建立安全连接后, 以后只需要在每次登录或连接时输入用户密码就可以使用了。由于 SSH 通信过程中对数据进行了加密, 即使途中被截获, 也很难得到真实内容, 因此比使用 TELNET 的远程登录功能更安全。

SSH 服务除了提供远程登录以外, 同时还提供远程文件传输。用于文件传输的本地命令是 scp, 用法是:

```
$ scp user1@192.168.2.103:file1 user2@192.168.200.170:file2
```

它表示把 IP 地址 192.168.2.103 上的文件 file1 复制到 192.168.200.170 机器上, 作为 file2 保存在用户 user2 的主目录上。两台机器各自拥有 user1 和 user2 用户, 文件所在目录以用户主目录为起点, 复制过程中会要求输入用户的密码。如果是本地文件, 则可以省去用户名和 IP 地址部分。如果复制的目标文件不想重新命名, 还可以省去 "file2" 部分, 但 IP 地址后面的冒号需要保留, 否则会被当作本地文件对待。

2.5.3 无线网络连接

树莓派三代以后带有板载无线网卡, 通过内核的无线协议支持, 可以进行无线网络连接。没有板载无线网卡, 也可以通过 USB 的无线网卡实现无线连接 (需要内核驱动相应的 USB 设备)。wpa_supplicant 和 hostapd 两个软件用于实现无线连接功能, 前者将树莓派作为从设备连接到一个 WiFi 接入点, 后者将树莓派自己设置为一个 WiFi 接入点, 供其他设备接入。

1. 无线网络连接

为了使用无线网络, 需要在编译内核时选择对应型号的网卡设备支持, 选择配置内核选项中的 Device Drivers → Network device support → Wireless LAN 相关选项。有的网卡还需要额外的固件。固件不属于开源软件部分, 需要通过网卡厂商提供的资源下载。为了确定无线网卡是否已工作, 可以用 ifconfig 查看 wlan0 设备:

```
# ifconfig -a
...
wlan0: flags=4163<UP,BROADCAST,RUNNING,MULTICAST> mtu 1500
        inet 192.168.2.124 netmask 255.255.255.0 broadcast 192.168.2.255
        ether 30:10:b3:99:c3:10 txqueuelen 1000
        RX packets 76724 bytes 53485912 (53.4 MB)
        RX errors 0 dropped 0 overruns 0 frame 0
        TX packets 68102 bytes 53748267 (53.7 MB)
        TX errors 0 dropped 0 overruns 0 carrier 0 collisions 0
```

当可以显示 wlan0 信息时, 无论是否有 IP 地址, 都表明设备已驱动。没有 IP 地址只是表示还没有正确配置。嵌入式系统中, 常为了省电而将无线网卡置于休眠状态。如果无-a 选项的 ifconfig 操作不能显示 wlan0, 说明网卡没有被激活。可以使用 BusyBox 提供的 rfkill 命令激活无线设备:

```
# rfkill unblock wlan
```

启用 wpa_supplicant 之前, 还要建立一个 WPA请求的配置文件 (见程序清单 2.6), 用来描述接入点 ID 和连接方式。

程序清单 2.6　WPA 请求配置文件 /etc/wpa_supplicant.conf

```
1  ctrl_interface=/var/run/wpa_supplicant
2
3  ctrl_interface_group=0
4  ap_scan=1
5  update_config=1
6  fast_reauth=1
7
8  network={
9      ssid="NJU_WLAN"
10     psk="password"
11 }
```

通过下面的命令实现接入:

```
# wpa_supplicant -B -i wlan0 -c /etc/wpa_supplicant.conf
# udhcpc -i wlan0
```

第一条命令将无线网卡设备 wlan0 连接到附件的无线路由器, wpa_supplicant 的选项 -B 表示后台运行。第二条命令 udhcpc 从路由器上获得动态分配的 IP 地址,并通过脚本程序 /usr/share/udhcpc/default.script 设置 wlan0 的 IP 地址。一旦获得了正确的 IP 地址, 树莓派便可以通过接入点 NJU_WLAN 连接因特网了。

2. WiFi 热点方式

无线网卡还有另一种工作方式,使用 hostapd 将其设为热点 (hot spot 又称接入点, AP, Access Point),供其他设备访问。为实现此功能,需要完成下面的步骤:

(1) 设置本机 IP 地址:

```
# ifconfig wlan0 192.168.0.1
```

IP 地址只要不与有线网络冲突即可。

(2) 编辑接入点管理配置文件 (见程序清单 2.7):

程序清单 2.7　接入点配置文件 /etc/hostapd.conf

```
interface=wlan0
driver=nl80211
ssid=RPi4B
hw_mode=g
channel=6
auth_algs=1
wmm_enabled=0
```

(3) 启动主机 AP 守护进程:

```
# hostapd -B /etc/hostapd.conf
```

(4) 将树莓派作为 DHCP 服务器,开启 DHCP 服务,为接入设备自动分配地址:

```
# udhcpd -f /etc/udhcpd.conf
```

DHCP 配置文件 udhcpd.conf 可以参考 BusyBox 中的文件 examples/udhcp/udhcpd.conf。程序清单 2.8 是一个简化的版本。

程序清单 2.8　DHCP 配置文件 /etc/udhcpd.conf

```
start  192.168.0.20      #
end    192.168.0.100     # 可分配 IP 地址范围
interface wlan0          #
remaining yes
opt dns 8.8.8.8 4.4.4.4  # 域名服务器 (可选项)
```

```
opt subnet 255.255.255.0      # 子网掩码 (可选项)
opt router 192.168.0.1        # 路由地址 (可选项)
opt lease 864000              # 占用时间 (秒数, 可选项)
```

udhcpd 需要用文件 /var/lib/misc/udhcpd.leases 记录数据, 需要先创建这个空文件, 否则会启动失败。以上工作完成后, 使用其他无线设备, 应可以看到一个名为 "RPi4B" 的 Wi-Fi 信号。接入后便可以通过 telnet、ssh等网络命令连接到树莓派。

3. 将树莓派作为无线路由器

树莓派的有线网接入局域网, 无线网卡工作在 AP 模式, 经过适当的设置, 即可将树莓派作为无线路由器使用。下面是使用 iptables 设置网络地址转换 (Network Address Translate, NAT) 规则的过程。

```
# echo 1 > /proc/sys/net/ipv4/ip_forward
# iptables -t nat -A POSTROUTING -o eth0 -j MASQUERADE
# iptables -A FORWARD -m conntrack --ctstate RELATED,ESTABLISHED -j ACCEPT
# iptables -A FORWARD -i wlan0 -o eth0 -j ACCEPT
# iptables -I INPUT -p udp --dport 67 -i eth0 -j ACCEPT
# iptables -I INPUT -p udp --dport 53 -s 192.168.0.0/24 -j ACCEPT
# iptables -I INPUT -p tcp --dport 53 -s 192.168.0.0/24 -j ACCEPT
```

设置输入接口 wlan0, 输出接口 eth0, 转发 DHCP (67 号端口) 和域名服务系统 (Domain Name System, DNS, DNS 被分配在 53 号端口)。通过以上设置, 内核将对 wlan0 设备的访问转换成对 eth0 的访问。

搭建无线路由器还可以使用桥接的方法, 通过命令 brctl 将两个网络设备 wlan0 和 eth0 连通。详情本书从略。brctl 命令可通过编译 BusyBox 获得。

2.5.4　安装 dropbear

dropbear 是嵌入式系统版本的 SSH 服务器/客户端, 它比桌面系统使用的 OpenSSH 代码更精简, 加密算法无须 OpenSSL 或者 LibreSSL 库支持, 仅依赖 GLibc 的 libcrypt 库, 且能实现与 OpenSSH 几乎相同的功能。

dropbear 软件源如下:

```
dropbear 主页: https://matt.ucc.asn.au/dropbear/dropbear.html
dropbear 源码: https://matt.ucc.asn.au/dropbear/dropbear-2018.76.tar.bz2
```

编译 dropbear 没有特殊的设置, 只是 scp命令要单独编译; 安装 dropbear 比较复杂。下面是完整的编译、安装过程如下:

```
$ curl -O https://matt.ucc.asn.au/dropbear/dropbear-2018.76.tar.bz2
$ tar xf dropbear-2018.76.tar.bz2
$ cd dropbear-2018.76
$ mkdir build_aarch64 && cd build_aarch64
$ ../configure \
    --host=aarch64-linux \
    --prefix=/usr \
    --with-zlib=/home/devel/target/usr
$ make
$ make scp
$ make install DESTDIR=../pkg_install
$ cp scp ../pkg_install/usr/bin
$ cd ..
$ fakeroot dpkg -b pkg_install dropbear_2018.76-PArm_aarch64.deb
```

同 OpenSSH 一样, 将 dropbear 安装到目标系统后, 也需要用一个脚本管理 SSH 服务 (见程序清单 2.9)。这里没有使用 start-stop-daemon, 而是用了比较原始的方法, 手工维护 PIDFILE。借此可与程序清单 2.5对比。

程序清单 2.9　dropbear 服务脚本 /etc/init.d/dropbear

```
1  #!/bin/sh
2  # SSH 服务管理脚本 (dropbear版)
3
4  NAME=Dropbear
5  DESC="SSH server"
6  DAEMON=/usr/sbin/dropbear
7  OPTIONS="-w -g -b /etc/dropbear/banner \
8      -d /etc/dropbear/dropbear_dss_host_key \
9      -r /etc/dropbear/dropbear_rss_host_key"
10 PIDFILE=/var/run/dropbear.pid
11
12 case "$1" in
13   start)
14     # 启动 dropbear 的SSH服务需要 RAS 和 DSS 主机密钥文件
15     if [ ! -f /etc/dropbear/dropbear_rsa_host_key ]; then
16       echo "Generating $NAME rsa key... "
17       dropbearkey -t rsa -f /etc/dropbear/dropbear_rsa_host_key
18     fi
19     if [ ! -f /etc/dropbear/dropbear_dss_host_key ]; then
```

```
20      echo "Generating $NAME dss key... "
21      dropbearkey -t dss -f /etc/dropbear/dropbear_dss_host_key
22    fi
23    if [ -f $PIDFILE ]; then
24      echo "$NAME already running."
25      exit 1
26    fi
27    echo "Starting $DESC: $NAME... "
28    $DAEMON $OPTIONS
29    ;;
30  stop)
31    if [ ! -f $PIDFILE ]; then
32      echo "$NAME is not running."
33      exit 1
34    fi
35    echo "Stopping $DESC: $NAME... "
36    kill `cat $PIDFILE`
37    rm -f $PIDFILE
38    ;;
39  restart)
40    if [ ! -f $PIDFILE ]; then
41      echo "$NAME is not running."
42      exit 1
43    fi
44    echo "Restarting $DESC: $NAME... "
45    kill `cat $PIDFILE`
46    sleep 2
47    $DAEMON $OPTIONS
48    ;;
49  status)
50    if [ -f $PIDFILE ]; then
51      echo "$NAME is running."
52      exit 0
53    else
54      echo "$NAME not running."
55      exit 1
56    fi
57    ;;
58  *)
```

```
59        echo "Usage: /etc/init.d/dropbear [start|stop|restart|status]"
60        exit 1
61        ;;
62 esac
63 exit 0
```

再创建 /etc/dropbear 和 /var/run 目录, 前者存放服务器密钥和登录提示文件 banner, 后者用于存放进程管理文件。通过下面的命令启动服务:

```
# /etc/init.d/dropbear start
```

将 dropbear 添加到 /etc/rc.d/rcS 的服务列表 (程序清单 1.3 中 services_cfg 变量), 每次开机自动启动 SSH 服务。

由于 dropbear 采用 dss 公钥算法, 而 dss 算法加密强度较弱, 被认为有安全隐患, PC 使用的 OpenSSH 自 7.0 版本以后默认禁用了该算法。在 PC 端, 登录 dropbear 的 SSH 服务必须通过 "-o" 选项开启该项功能, 例如:

```
$ ssh -o HostKeyAlgorithms=+ssh-dss pi@192.168.2.100
```

另一种做法是在客户端用户的.ssh 目录下创建 config 文件, 内容如下:

```
Host raspberrypi-11
  HostName 192.168.2.100
  HostKeyAlgorithms=+ssh-dss
```

这样可以在命令行中省去 "-o" 的内容, 同时用主机名 "raspberrypi-11" 代替不便记忆的 IP 地址形式。

dropbear 提供的 SSH 客户端命令是 dbclient, 通常会将它做一个 ssh 命令的链接, 以保持和标准 SSH 命令操作上的一致。

2.6 本章小结

Linux 操作系统的软件呈现明显的层次依赖关系。站在软件层次的角度看, Linux 操作系统使用的软件包有下面几种形式:

(1) 仅提供库的支持, 不提供具体运行的程序。这类软件可按静态或动态 (共享) 方式编译, 本书尽可能按动态方式编译, 配置选项设置 --enable-shared 和 --disable-static。动态库除了具有节省存储空间的优点, 软件升级也很方便: 只需要替换该升级的部分, 不需要从上到下将软件包全部替换。

(2) 除了向上层软件提供库支持, 也产生应用程序。这类软件也尽量按动态库编译。

(3) 独立的应用程序, 它不向上层提供依赖库, 但可能依赖一些下层库, 配置选项中 `--enable-shared` 和 `--disable-static` 不起作用。

很多应用程序都有库的依赖, 而这些库又可能依赖更下层的库。软件的依赖关系并不是一成不变的。在使用 configure 的`--help` 选项寻求帮助时, 甚至会发现 A 依赖 B、而 B 又依赖 A 的情况。对于这种情况, 有些做法是按照 A→B→A 的顺序编译, 这种做法使得软件层次不清, 它容易导致系统的不确定性, 在构建系统软件时应尽量避免循环依赖。在本书中, 建立依赖关系的原则有两个: 一是尽量简化系统构建过程, 使用较少的配置选项, 单个软件包尽量少依赖其他软件; 二是简化软件层次, 能构成平行关系的就不以依赖关系建立。

由于本书采用了尽量简化的配置选项, 在构建一个复杂的系统时, 先后两次编译同一个软件, 如果没有清除历史记录, configure 的选项缺省时会自动进行检查, 可能会建立不同的依赖关系, 从而导致不同的结果。

同一个软件的不同版本也会在一定程度上改变依赖关系, 一般而言, 软件版本越高, 功能越强, 同时体积也会增大。新版本除了增加功能以外, 也会修正老版本的错误, 但这并不意味着软件版本越高错误越少。此外, 即使相互依赖的软件包, 很多也是独立开发的, 上层软件升级到某个版本, 可能会要求更高版本的下层库支持, 甚至改变对下层库的依赖关系, 相反的情况则不多见。本书使用的软件版本并非唯一选择, 若更换版本时出现编译错误, 注意错误提示。

第 3 章 桌 面 系 统

桌面环境简化了计算机的操作, 用户可以通过图形化的界面与计算机交互, 从而不必记忆烦琐的命令。图形界面的出现, 大大降低了使用计算机的门槛, 也扩展了计算机的应用领域。由于 Linux 系统的开放性和自由性, 不少开发者基于自己的设计理念开发了不同的图形用户界面, 从而为 Linux 系统提供了不同风格的桌面环境, 即使同一桌面环境也可以配置出不同的外观。不同发行版在外观上的差异主要是因为使用了不同的默认桌面环境导致的。XFCE4 (XForms Common Environment, version4) 属于一种轻量级的桌面环境, 软件结构简单, 比 PC 桌面使用的 GNOME (GNU Network Object Model Environment, 网络对象模型环境) 和 KDE (K Desktop Environment, K 桌面环境) 占用资源少得多, 比较适合嵌入式系统。本章围绕移植 XFCE4 的相关问题讨论。

3.1 X Window 系统

X Window 系统是 Linux 系统基本的图形用户接口框架, 它由一组 X 库、X.Org 服务器、输入/输出驱动和字体库构成。X Window 系统使用客户机-服务器模型, 在不同的客户程序之间传递消息, 服务器和客户端甚至可以运行在不同的物理机器上。图 3.1是一种典型的 X 服务模型。

X Window 系统始于 1984 年, 最初源自雅典娜项目的一部分。雅典娜项目是由 IBM、麻省理工学院和 DEC 公司开发, 支持校园教育的分布式计算环境的联合项目。X 协议目前发展到第 11 版, 由 X.Org 基金会维护 (https://www.x.org), 采用 MIT 版权协议, 目前的稳定版 X11R7.7 于 2012 年 6 月发布, 故 X Window 也简称 "X11" 或 "X"。

X11R7.7 的全套源码在 https://www.x.org/releases/X11R7.7/src/, 单个软件包的最新版本可以在 https://www.x.org/archive/individual/下载。表 3.1 列出了部分核心库。

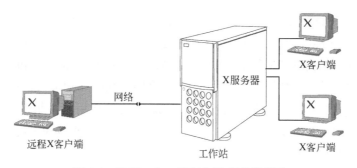

图 3.1　X Window 的客户机-服务器模型

表 3.1　X Window 系统部分核心库

库名	功能	版本号
libICE	客户端之间交换协议	1.0.10
libSM	会话管理	1.2.3
libX11	访问 X 系统的主要客户端代码	1.6.9
libXau	认证文件管理	1.0.9
libXaw	Athena 组件	1.0.11
libXaw3d	3D Athena 组件	1.6.3
libXcomposite	图像混成	0.4.5
libXcursor	光标	1.2.0
libXdamage	屏幕补缺	1.1.5
libXdmcp	显示管理控制协议	1.1.1
libXext	X11 协议通用扩展	1.3.4
libXfixes	针对核心协议限制的解决方案	5.0.3
libXfont2	X 字体管理系统	2.0.4
libXft	X 的 FreeType 库	2.3.3
libXi	输入扩展	1.7.10
libXinerama	多屏拼接	1.1.4
libXmu	其他应用	1.1.3
libXpm	像素图文件格式库	3.5.13
libXpresent	X 展示扩展	1.0.0
libXrandr	缩放、旋转变换	1.5.2
libXrender	渲染扩展	0.9.10
libXres	X 资源扩展	1.2.0
libXScrnSaver	X 屏幕保护扩展	1.2.3
libXt	X11 工具包 Intrinsic	1.2.0
libXtst	X 系统测试扩展	1.2.3
libXv	X 视频扩展	1.0.11
libXvMC	X 视频移动补偿扩展	1.0.10
libXxf86vm	Xfree86 视频模式扩展	1.1.4
libfontenc	字体编码	1.1.3
libpciaccess	PCI 访问	0.16.0
libxcb	X 显示协议客户端实现	1.14
xcb-proto	libxcb 的头文件	1.14
libxkbfile	X11 键盘文件处理	1.0.9
libxshmfence	共享内存同步隔离	1.2
xtrans	X 抽象网络代码	1.4.0
xorgproto	X 系统库的头文件	2020.1

大部分 X 库都直接或间接地依赖 libX11, 因此应首先编译出 libX11。libX11 依赖 xtrans 和 libxcb。libxcb 提供应用层到 X Window 系统协议的接口, 用以替代传统的 Xlib 接口。它具有小巧、低内存开销等优点。libxcb 依赖 xcb-proto、libXau 和 libpthread-stubs。实际上, Linux 系统中, X 系统线程库由 GLibc 提供, libpthread-stubs 不提供任何有效代码, 对它的依赖是由历史原因造成的。编译 libxcb 还需要用到主机的 Python 工具, 其中用到的 Python 程序来自 xcb-proto, 部分源代码也要从 xcb-proto 提供的文件中转换。图 3.2 是 libX11 的依赖关系图。

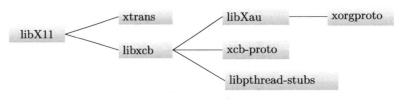

图 3.2　libX11 库依赖关系

并非所有库都需要一次性安装, 从精简系统的角度看, 最好能根据实际需要移植。图 3.3 是 X Window 系统比较基础的库及其依赖关系。因篇幅所限, 部分底层依赖没有完全画出。

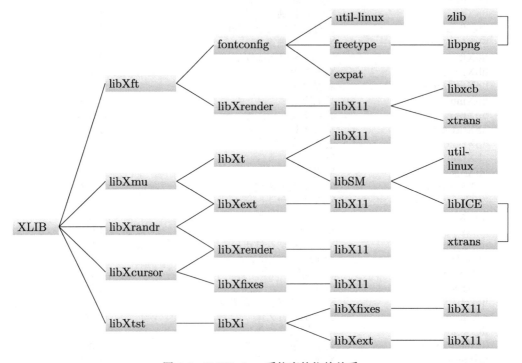

图 3.3　X Window 系统库的依赖关系

较早版本的 X Window 系统源码还有许多 proto 软件包, 它们是 X Window 库各个扩展模块的函数原型声明, 均是一些.h 文件。不同的扩展模块都有自己的 proto 依赖, 给编译带来了麻烦。后来这些 proto 软件包被集中到一个 xorgproto 中, 编译 X Window 系统时应先安装 xorgproto。由于 xorgproto 只复制头文件, 不产生二进制代码, 可以用标准配置过程编译安装。

所有 Xlib 都可以使用标准配置过程处理, 除非有意改变依赖关系。有些 X 库需要在配置时增加一个选项 --enable-malloc0returnsnull 以避开交叉编译时的配置项检查。例如 libX11 的配置过程如下:

```
$ ../configure \
    --host=aarch64-linux \
    --prefix=/usr \
    --enable-malloc0returnsnull \
    --disable-static \
    --enable-shared
```

很多软件编译时需要检查主机的系统环境。检查的方法, 通常是编写一个小测试程序, 尝试对它进行编译, 看是否出错; 如果通过了编译, 再看运行的情况。但在交叉编译时, 目标系统的有些环境参数是无法通过运行来测试的。这里碰到的问题是, 函数 malloc(0) 的返回值是什么? 在 Linux 系统上, 内存分配失败时和malloc(0) 成功时均返回 NULL。这里人为地将这一结论提供为配置选项, 以避免在配置过程中让主机检查目标系统调用函数的返回值。类似的做法在后面的移植中还会看到。严谨的做法应该将这段小测试程序编译出来, 放在目标系统上运行, 再根据结果设置交叉编译的参数。由于移植的目标系统也是 Linux, 与 PC 的环境相同, 因此这种做法在绝大多数场合是可以接受的。

本章涉及较多的软件移植, 这些软件的依赖关系也比较复杂。虽然 GNU 软件有标准的移植步骤, 但它依赖正确的环境变量设置, 否则配置过程会很烦琐。下面是重要的环境变量设置:

(1) 设置安装路径, 所有环境变量以它为起点:

```
$ INSTALL_PATH="/home/devel/target"
```

(2) 设置已安装库的配置文件 (.pc 文件) 路径:

```
$ export PKG_CONFIG_PATH="$INSTALL_PATH/usr/lib/pkgconfig:$INSTALL_PATH/usr/share/
    ↪ pkgconfig"
```

大多数.pc 文件被安装到 usr/lib/pkgconfig 目录或 FHS 标准的三级目录结构 usr/local/lib/pkgconfig 中 (本书按二级目录构造系统, 不使用三级目录), 但也有少数软件

(如 xorgproto) 会默认安装到 usr/share/pkgconfig。因此环境变量 PKG_CONFIG_PATH 要包含这两个目录。还有一些软件的配置工具使用 PKG_CONFIG_LIBDIR, 也需要照此设置:

```
$ export PKG_CONFIG_LIBDIR="$PKG_CONFIG_PATH"
```

(3) 设置头文件路径和库路径的起点:

```
$ export PKG_CONFIG_SYSROOT_DIR="$INSTALL_PATH"
```

(4) 设置 C 语言头文件路径:

```
$ export CFLAGS="-I$INSTALL_PATH/usr/include"
```

虽然有的软件会把一些头文件安装到其他路径 (如 glib 安装到 usr/lib/glib-2.0/include, dbus 安装到 usr/lib/dbus-1.0/include), 但.pc 文件会指导上层软件配置工具找到它们。只有极少数软件需要额外再指定其他的头文件路径。

(5) 设置 C++ 语言头文件路径, 绝大多数情况下, 它与变量 CFLAGS 一致:

```
$ export CXXFLAGS="$CFLAGS"
```

(6) 设置 C/C++ 预处理头文件路径:

```
$ export CPPFLAGS="$CFLAGS"
```

配置过程中对环境参数的检测, 很多都是通过对小测试程序的预处理 (预编译) 实现的, 一些编译过程也可能包含预处理过程。预处理头文件路径与 CFLAGS 一致。

(7) 设置链接库路径:

```
$ export LDFLAGS="-L$INSTALL_PATH/usr/lib -Wl,-rpath-link=$INSTALL_PATH/usr/lib"
```

移植过程中产生的库用于二次开发, 它们被复制在安装目录下。环境变量 LDFLAGS 指示 gcc 的 "-l" 选项查找这些库的位置。一些间接依赖的库, 在隐含链接时, 还应通过 "-rpath-link" 选项告知链接器。

本章将会涉及大量的软件编译, 这些操作具有较大的重复性。为了提高开发效率, 减少错误, 建议将编译过程写成一个脚本程序。如果脚本程序可以通用则更好。例如, 大部分 auto configure 的编译可以使用程序清单 3.1 的脚本程序。

程序清单 3.1　编译脚本 build.sh

```bash
1  #!/bin/bash
2  INSTALL_PATH="/home/devel/target"
3  export PKG_CONFIG_SYSROOT_DIR="$INSTALL_PATH"
4  export PKG_CONFIG_PATH="$INSTALL_PATH/usr/lib/pkgconfig:$INSTALL_PATH/usr/
   ↪ share/pkgconfig"
5  export PKG_CONFIG_LIBDIR="$PKG_CONFIG_PATH"
6
7  export CFLAGS="-I$INSTALL_PATH/usr/include"
8  export CXXFLAGS="$CFLAGS"
9  export CPPFLAGS="$CFLAGS"
10 export LDFLAGS="-L$INSTALL_PATH/usr/lib"
11 export LDFLAGS="$LDFLAGS -Wl,-rpath-link=$INSTALL_PATH/usr/lib"
12
13 workdir=`pwd`                      # 有些命令需要绝对路径
14 [ -d $workdir/build_aarch64 ] || mkdir -p $workdir/build_aarch64
15 cd $workdir/build_aarch64
16 ../configure \
17     --host=aarch64-linux \
18     --prefix=/usr \
19     --enable-shared \
20     --disable-static \
21     $1
22
23 make -j8
24 make install DESTDIR=$workdir/pkg_install
25 cp -ar $workdir/pkg_install/* $INSTALL_PATH/
```

这个脚本程序接收一个参数。针对大多数 auto configure 的编译, 只需要在源码解压目录下执行:

```
$ sh build.sh ["extra configure options"]
```

额外的配置选项通过脚本程序的参数来设置。cmake 软件的配置也可仿照类似的方法处理。

3.2　基础图形库

Linux 操作系统支持众多的图形格式, 桌面系统具有丰富的图形表现力, 它们都有赖于基础图形库的支持。由于目前计算机系统尚存在不同的图形格式标准, 因此不同的图形格式也只能由各自的图形库支持, 而没有形成完全的统一。本节介绍一些比较常用的图形库、相关的图形格式和库的使用方法。

3.2.1　libpng

libpng 是支持 PNG (Portable Network Graphics, 可移植网络图形) 文件格式的图形库。最初是由 Guy Schalnat 等开发, PNG 的目的是替代当时流行于互联网的一种私有版权协议的图像格式 GIF (Graphics Interchange Format), 因此有人又戏谑地将这种图像格式解读为: PNG 不是 GIF。

```
libpng 主页: http://www.libpng.org
libpng 源码: https://prdownloads.sourceforge.net/libpng/libpng-1.6.37.tar.xz
```

libpng 使用标准配置过程编译。

PNG 文件由一个文件标识头和若干数据块组成。文件标识头是固定的 8 字节 (89 50 4E 47 0D 0A 1A 0A), 其中 2~4 字节就是 PNG 三个字母的 ASCII 码。

PNG 定义了 4 个关键数据块, 如表 3.2 所示。

表 3.2　4 个关键数据块

数据块符号	名称	说明
IHDR	文件头	必须是第一块
PLTE	调色板	在 IDAT 之前
IDAT	图像数据	可有多个连续的 IDAT
IEND	图像结束	最后一个数据块

每个数据块有 4 个域, 按表 3.3 所示的顺序组成。

表 3.3　4 个域的顺序组成

名称	字节数	说明
长度	4	数据域字节数
类型	4	由大小写字母组成的标识符号
数据	可变	存储本数据块格式规定的数据
校验	4	CRC 校验

其中文件头数据块 IHDR 存储了该 PNG 文件的基本信息, 如表 3.4 所示。

一个典型的 IHDR 数据块如下:

```
00 00 00 0D 49 48 44 52 00 00 02 80
00 00 01 E0 08 03 00 00 00 02 0F 2C D6
```

表 3.4 PNG 文件的基本信息

名称	字节数	说明
width	4	宽度 (像素点)
height	4	高度 (像素点)
bit_depth	1	位深, 1、2、4、8 或 16
		用于表示灰度等级或色彩位数
color_type	1	彩色类型: 灰度、真彩或索引彩色
compression_type	1	压缩方法
filter_type	1	滤波方法
interlace_type	1	隔行/逐行

它表示该数据块数据有 13 字节 (0x0000000D)、数据块名称是 "IHDR" (ASCII 码 49 48 44 52)、该图像规格是 640×480(0x00000280、0x000001E0)、8 位色深、索引彩色图像 (0x03)、LZ77 压缩、滤波类型 0、逐行、最后 4 字节 (02 0F 2C D6) 是校验码。

　　调色板数据块 PLTE 存储与索引彩色图像相关的彩色变换数据。每个调色板的颜色索引项按红、绿、蓝顺序存放颜色值。索引项数不能超过颜色数, 否则多出的索引项无法对应到调色板。由于调色板每一项的颜色由红、绿、蓝 3 字节组成, 数据块字节数应是 3 的倍数。

　　图像数据块 IDAT 存储压缩的图像数据流。结束数据块 IEND 的形式如下:

```
00 00 00 00 49 45 4E 44 AE 42 60 82
```

前 4 字节表示数据长度 (长度为 0, 表示这个数据块没有数据), 接下来 4 字节是 "IEND" 的 ASCII 码, 最后 4 字节是校验码。

　　PNG 文件是 BMP 格式 [1]的无损压缩形式。处理 PNG 文件依赖 zlib 的数据压缩和解压功能。libpng 提供 PNG 格式之间的转换函数, 包括 PNG 和 BMP 格式的转换。程序清单 3.2 是一个读取 PNG 文件并转换成 RGB888 [2]数据的示例。把输出数据加上正确的 BMP 格式头就可以成为 BMP 文件格式。

程序清单 3.2 利用 libpng 读取 PNG 图形数据 sample_png.c

```
1 /*
2  * sample_png.c
3  * 将 PNG 文件转换成 RGB 裸数据文件.
4  */
```

---

① bitmap image file, 是由微软设计的一种二维点阵图形格式, 广泛用于 Windows 和 OS/2 操作系统。
② RGB 分别对应 Red、Green、Blue 三个单词的首字母, 后面的数字表示每种颜色占用的二进制位数。

```
 5
 6 #include <string.h>
 7 #include <stdio.h>
 8 #include <stdlib.h>
 9 #include <png.h>
10 #include <unistd.h>
11
12 int main(int argc, const char **argv)
13 {
14     png_image image;          /* 声明 libpng 的数据结构 */
15     png_bytep buffer;
16     unsigned int size;
17
18     /* 初始化 png_image 结构 */
19     bzero(&image, sizeof(image));
20     image.version = PNG_IMAGE_VERSION;
21
22     /* 命令行第一个参数是要读取的 PNG 文件名 */
23     if(argc == 2) {
24         png_image_begin_read_from_file(&image, argv[1]);
25     } else {
26         printf("You should run: %s png-file\n", argv[0]);
27         return -1;
28     }
29
30     image.format = PNG_FORMAT_BGR;
31     /* 转换的 BGR 位图文件大小 */
32     size = PNG_IMAGE_SIZE(image);
33     if((buffer = malloc(size)) == NULL) {
34         perror ("No enough memory\n");
35         return -2;
36     }
37
38     if(png_image_finish_read(&image,
39                              NULL,          /* 背景 */
40                              buffer,
41                              0,             /* 行跨度 */
42                              NULL) == 0) {  /* 位图映射表 */
43         perror("Image read error\n");
```

```
44          free(buffer);
45          return -3;
46      }
47      /* 将 RGB 数据写入标准输出设备 */
48      write(STDOUT_FILENO, buffer, size);
49      free(buffer);
50      return EXIT_SUCCESS;
51 }
```

3.2.2　libjpeg

libjpeg 是支持 JPEG (Joint Photographic Experts Group, 联合图像专家组) 格式的图形库。实际上, 这里使用的是 libjpeg 的一个分支 libjpeg-turbo, 它使用 SIMD (Single Instruction Multiple Data, 单指令多数据) 指令对 JPEG 的编解码进行加速处理, 在 X86、Arm、PowerPC 平台上可以获得比 libjpeg 更高的速度。表 3.5是一组测试数据, 对 640×480×24 的 BMP 图像使用不同的 JPEG 库进行编码、解码运算, 测试平台是 Intel i7-6700 八核处理器、Ubuntu 18.04 操作系统, 压缩质量取 75 (命令及选项参数: `cjpeg -quality 75`), 使用时间戳寄存器 TSC 对编码、解码算法进行计时, 并根据 CPU 主频折算到以毫秒为单位的时间。由于文件读写及其他任务调度原因, 并非所有 CPU 时间都用于编码和解码, 统计的时间并不准确。但总体上 libjpeg-turbo 要快得多。

表 3.5　JPEG 性能对比

JPEG 库	cjpeg	djpeg
jpegsrc.v9d	58.02	26.05
libjpeg-turbo-2.0.3	20.29	16.14

libjpeg 除了为上层软件提供支持库以外, 自身还包含一些实用程序:

(1) cjpeg/djpeg: 用于 JPEG 和其他常用点阵图像格式 (BMP、PNM 等) 的转换。

(2) rdjpgcom/wrjpgcom: 用于在 JPEG 文件中提取和插入文本注释。

(3) jpegtran: 用于在 JPEG 格式文件之间的无损转换和处理, 例如旋转、翻转、剪裁等。

与 PNG 格式不同的是, JPEG 使用了有损压缩算法, 它利用人眼对图像的感知特点, 去除一些不敏感信息, 获得比 PNG 格式更高的压缩率。

libjpeg-turbo 软件源如下:

libjpeg-turbo 主页: https://libjpeg-turbo.org

```
libjpeg-turbo 源码: https://prdownloads.sourceforge.net/libjpeg-turbo/2.0.3/libjpeg-
    ↪ turbo-2.0.3.tar.gz
```

libjpeg-turbo-2.0.3 版本只有 cmake 配置工具, 编译 libjpeg-turbo 不依赖其他库, 通常也不需要设置特别选项。配置过程如下:

```
$ cmake .. \
    -DCMAKE_SYSTEM_NAME=Linux \
    -DCMAKE_SYSTEM_PROCESSOR=aarch64 \
    -DCMAKE_C_COMPILER=aarch64-linux-gcc \
    -DCMAKE_CXX_COMPILER=aarch64-linux-g++ \
    -DCMAKE_CPP_COMPILER=aarch64-linux-cpp \
    -DCMAKE_INSTALL_PREFIX=/usr \
    -DWITH_SIMD=ON \
    -DENABLE_STATIC=OFF
```

3.2.3 JasPer

JasPer 是 JPEG-2000 图像格式处理库, 开发者是加拿大程序员 Michael David Adams, 软件名称来自加拿大国家公园 Jasper 的名字, 其中 JP 又隐含了标准名称 JPEG-2000 中的字母。

JasPer 软件源如下:

```
jasper 主页: http://www.ece.uvic.ca/ mdadams/jasper
jasper 源码: http://www.ece.uvic.ca/~frodo/jasper/software/jasper-2.0.14.tar.gz
```

JasPer 使用标准配置过程编译。

JasPer 提供一个 libjasper 图形库和一组图形文件处理命令, 其中最主要的命令是 jasper, 它可以完成图形文件格式的转换。表 3.6 是 JasPer 支持的图形文件格式 [1]。

例如, 下面的命令将一个 JPEG-2000 格式的文件转换成 PPM 格式 [2]:

```
$ jasper --input coffee.jp2 --output coffee.ppm --output-format pnm
```

---

[1] Michael David Adams, Rabab Kreidieh Ward. JasPer: a portable flexible open-source software tool kit for image coding/processing. IEEE International Conference on Acoustics, Speech, and Signal Processing, 2004. Proceedings. (ICASSP '04)

[2] PPM (portable pixmap format): 一种点阵图形格式, 主要用于 UNIX 系统。它与 PBM (portable bitmap format)、PGM (portable graymap format) 都是 Netpbm 项目支持的图形格式。这组图形格式又被统称为 PNM (portable anymap format)。

表 3.6　JasPer 支持的图形文件格式

格式	说明
bmp	Bitmap (主要见于 Windows 系统)
jp2	JPEG-2000 JP2
jpc	JPEG-2000 码流文件
jpg	JPEG
pgx	PGX
pnm	PNM/PGM/PPM (便携式网络交换图形格式)
mif	My Image Format
ras	Sun Rasterfile

3.2.4　TIFF

　　TIFF 为带标记的图像文件格式 (Tagged Image File Format) 支持库。这种格式最初由 Aldus 公司 [1]设计用于桌面排版系统, 现广泛用于图像处理、版面设计、扫描仪、字处理、字符识别等多种应用软件中。

　　TIFF 软件源如下:

```
tiff 主页: http://www.remotesensing.org/libtiff
tiff 源码: http://download.osgeo.org/libtiff/tiff-4.0.10.tar.gz
```

　　单个 TIFF 文件可以通过嵌入标记灵活地包容图像和数据。例如, 一个 TIFF 文件可以成为有损的 JPEG 图像和无损压缩的 PackBits 图像的容器。与 JPEG 文件不同的是, 无损压缩的 TIFF 文件可以重新编辑而不损失图像质量。

　　tiff 库提供一组用于读写 TIFF 文件的函数, 其中也包含了一些命令行工具, 作者 Samuel J Leffler, 以类 BSD 版权协议发布。

　　TIFF 文件的重要作用是包装多个图形为一身, 依赖相关的图形库和压缩/解压算法。依赖 tiff 的软件对 TIFF 格式文件的处理能力由提供的依赖库决定, 多数情况会将 jpeg 和 zlib 加入依赖。如果关注压缩率, 还可将 liblzma 加入依赖。如下是一种可能的配置过程:

```
$ ../configure \
    --host=aarch64-linux \
    --prefix=/usr \
    --enable-zlib \
    --enable-jpeg \
    --enable-lzma \
    --enable-lzw \
    --enable-shared \
    --disable-static
```

---

[1] 成立于 1984 年的软件公司。最初的业务是开发桌面排版系统, 1994 年被 Adobe 公司收购。

TIFF 库编译后, 除了生成 TIFF 库以外, 还生成一组图形文件格式转换和处理工具。
程序清单 3.3 基于 TIFF 库将多个 BMP 文件包装到一个 TIFF 文件中, 从中可以大致了解
TIFF 结构。程序参考了 tiff 源码中给出的一些例子并做了一些简化。

程序清单 3.3   将多个 BMP 文件包装成 TIFF bmp_tiff.c

```
1  /*
2   * Filename:  sample_tiff.c
3   * 把多个 BMP 文件打包成一个 TIFF 文件.
4   */
5
6  #include <tiff.h>
7  #include <tiffio.h>
8
9  #include <stdio.h>
10 #include <stdlib.h>
11 #include <string.h>
12 #include <sys/types.h>
13 #include <sys/stat.h>
14 #include <unistd.h>
15 #include <fcntl.h>
16
17 #define ABS(x)   ((x) > 0 ? (x): -(x))
18 #pragma pack(2)
19 typedef struct {
20     char    bType[2];        /* 特征字符 "BM" */
21     uint32  iSize;           /* BMP 文件大小 */
22     uint16  iReserved1;      /* 保留字, 置 0 */
23     uint16  iReserved2;      /* 保留字, 置 0 */
24     uint32  iOffBits;        /* 图像数据偏移位置 */
25 } BMPFileHeader;
26 #pragma pack()
27
28 typedef struct {
29     uint32  iSize;           /* BMPInfoHeader 结构大小 */
30     int32   iWidth;          /* 图像宽度 */
31     int32   iHeight;         /* 图像高度 (负数表示从顶部起) */
32     int16   iPlanes;         /* 图像面数 (置 1) */
33     int16   iBitCount;       /* 每像素比特数 (1, 4, 8,...) */
34     uint32  iCompression;    /* 压缩方式 */
```

```
35      uint32   iSizeImage;       /* 未压缩图像字节数 */
36      int32    iXPixelPerMeter;  /* X 分辨率 */
37      int32    iYPixelPerMeter;  /* Y 分辨率 */
38      uint32   iClrUsed;         /* 色表大小 */
39      int32    iClrImportant;    /* 重要色数量 */
40  } BMPInfoHeader;
41
42  /* 将 BMP 文件中的像素 BGR 顺序重排成 RGB 或 RGBA */
43  void rearrangePixels(char *buf, uint32 width, uint32 bit_count)
44  {
45      char tmp, *buf1;
46      unsigned int i;
47
48      switch(bit_count) {
49      case 24:
50          for (i = 0; i < width; i++, buf += 3) {
51              tmp = *buf;
52              *buf = *(buf + 2);
53              *(buf + 2) = tmp;
54          }
55          break;
56
57      case 32:
58          buf1 = buf;
59          for (i = 0; i < width; i++, buf += 4) {
60              tmp = *buf;
61              *buf1++ = *(buf + 2);
62              *buf1++ = *(buf + 1);
63              *buf1++ = tmp;
64          }
65          break;
66
67      default:
68          break;
69      }
70  }
71
72  int main(int argc, char* argv[])
73  {
```

```
74      uint32  width, length, row;
75      uint16  nbands = 1;          /* 每像素样点数 */
76      uint16  depth = 8;           /* 每样点位数 */
77      int fd = 0;
78      int optind = 1;
79      char    *outfilename = NULL, *infilename = NULL;
80      TIFF    *out = NULL;
81
82      BMPFileHeader file_hdr;
83      BMPInfoHeader info_hdr;
84
85      if (outfilename == NULL)
86          outfilename = argv[argc-1];
87      out = TIFFOpen(outfilename, "w");
88      if (out == NULL) {
89          printf("Cannot open file %s for output", outfilename);
90          return -1;
91      }
92
93      while (optind < argc-1) {
94          infilename = argv[optind++];
95
96          fd = open(infilename, O_RDONLY);
97          if (fd < 0) {
98              printf("Cannot open input file (%s)\n", infilename);
99              continue;
100         }
101         /* 读 BMP 文件头 */
102         read(fd, &file_hdr, sizeof(file_hdr));
103
104         if(strncmp(file_hdr.bType, "BM", 2)) {
105             printf("File (%s) is not BMP\n", infilename);
106             close(fd);
107             continue;
108         }
109
110         /* 读 BMP 信息头 */
111         read(fd, &info_hdr, sizeof(info_hdr));
112
```

```
113        if (info_hdr.iSize != 40) {
114            printf("I can't process this file (%s) yet.\n", infilename);
115            close(fd);
116            continue;
117        }
118
119        if (info_hdr.iBitCount != 16 &&
120            info_hdr.iBitCount != 24 &&
121            info_hdr.iBitCount != 32) {
122                printf("Cannot process BMP file (%s) with bit count %d",
123                        infilename,info_hdr.iBitCount);
124            close(fd);
125            continue;
126        }
127
128        width = info_hdr.iWidth;
129        length = ABS(info_hdr.iHeight > 0);
130        switch (info_hdr.iBitCount) {
131            case 16:
132            case 24:
133                nbands = 3;
134                depth = info_hdr.iBitCount / nbands;
135                break;
136            case 32:
137                nbands = 3;
138                depth = 8;
139                break;
140            default:
141                break;
142        }
143
144        /* ------------------------------------------------*/
145        /* 创建输出文件                                     */
146        /* ------------------------------------------------*/
147
148        TIFFSetField(out, TIFFTAG_IMAGEWIDTH, width);
149        TIFFSetField(out, TIFFTAG_IMAGELENGTH, length);
150        TIFFSetField(out, TIFFTAG_ORIENTATION, ORIENTATION_TOPLEFT);
151        TIFFSetField(out, TIFFTAG_SAMPLESPERPIXEL, nbands);
```

```
152        TIFFSetField(out, TIFFTAG_BITSPERSAMPLE, depth);
153        TIFFSetField(out, TIFFTAG_PLANARCONFIG, PLANARCONFIG_CONTIG);
154        TIFFSetField(out, TIFFTAG_PHOTOMETRIC, PHOTOMETRIC_RGB);
155        TIFFSetField(out, TIFFTAG_ROWSPERSTRIP,
156                        TIFFDefaultStripSize(out, 0xffffffff));
157
158        TIFFSetField(out, TIFFTAG_COMPRESSION, COMPRESSION_DEFLATE);
159
160        /* ------------------------------------------*/
161        /*  读取解压的图形数据                        */
162        /* ------------------------------------------*/
163
164        if (info_hdr.iCompression == 0) {
165            uint32 offset, size;
166            char *scanbuf;
167
168            size = ((width * info_hdr.iBitCount + 31) & ~31) / 8;
169            scanbuf = (char *)malloc(size);
170            if (!scanbuf) {
171                perror("Can't allocate space for scanline buffer");
172                break;
173            }
174
175            for (row = 0; row < length; row++) {
176                if (info_hdr.iHeight > 0)
177                    offset = file_hdr.iOffBits + (length-row-1)*size;
178                else
179                    offset = file_hdr.iOffBits + row * size;
180                lseek(fd, offset, SEEK_SET);
181
182                read(fd, scanbuf, size);
183
184                rearrangePixels(scanbuf, width, info_hdr.iBitCount);
185
186                if (TIFFWriteScanline(out, scanbuf, row, 0) < 0) {
187                    printf("file %s scanline %lu: Write error",
188                                infilename, (unsigned long) row);
189                    break;
190                }
```

```
191             }
192
193             free(scanbuf);
194
195             /* ------------------------------------------------*/
196             /*   读取压缩的图形数据                             */
197             /* ------------------------------------------------*/
198         }
199         TIFFWriteDirectory(out);
200         close(fd);
201     }
202
203     TIFFClose(out);
204     return EXIT_SUCCESS;
205 }
```

在众多的图像文件中, BMP 格式是最简单的一种。在不使用调色板的情况下, 它由文件结构头、数据结构头和数据三部分组成。其中, 文件开始处的文件结构头包含如表 3.7 所示的信息 (对应程序清单 3.3 的 BMPFileHeader 结构)。

表 3.7　文件结构头信息

名称	字节数	内容
f_type	2	两个字母 "BM", 文件特征标志
f_size	4	文件大小
f_Reserved1	2	保留字, 0x00
f_Reserved2	2	保留字, 0x00
f_OffBits	4	位图数据的起始位置

数据结构头图像信息如表 3.8 所示 (对应程序清单 3.3 BMPInfoHeader 结构)。

其中的 bitCount 取值有 1、2、4、8、16、24、32 色彩位。色彩位为 4 即表示有 16 种颜色, 色彩位为 16 可以表示 RGB565 或 ARGB1555, 色彩位为 32 可以表示 ARGB8888 (A 指 Alpha, 俗称透明度通道)。

如果有调色板, 调色板紧接着数据结构头之后。调色板的每个表项由蓝、绿、红及一个保留字节共 4 字节构成。

整个文件的后面部分就是按数据结构头描述的数据形式存放的像素色彩信息。不使用调色板, 数据就是颜色值; 有调色板时, 数据作为索引, 从调色板中查找颜色值。在图像的颜色数量比较少的情况下, 采用调色板可以大大减小 BMP 文件的体积。

表 3.8 数据结构头图像信息

名称	字节数	内容
size	4	数据结构头字节数
width	4	位图的宽度 (以像素点为单位)
height	4	位图的高度 (以像素点为单位)
		正值表示图像数据从左下角开始
		负值表示图像数据从左上角开始
planes	2	面数 (总是为 1)
bitCount	2	像素点位数, 对应色彩的数量,
		1 表示单色, 24 表示 RGB888 等
compression	4	压缩类型, 0: 不压缩, 1:RLE8, 2:RLE4
sizeImage	4	位图大小 (按一行数据是 4 的整倍数补齐)
xPixelsPerMeter	4	水平分辨率 (每米像素点数)
yPixelsPerMeter	4	垂直分辨率 (每米像素点数)
clrUsed	4	实际使用的颜色数
clrImportant	4	重要的颜色数

上面的程序例子使用命令行方式:

```
$ ./bmp_tiff file1.bmp file2.bmp file3.bmp ...  pack.tiff
```

命令行最后一个参数是生成的 TIFF 格式文件名。该程序可以转换 24 位色或 32 位色无压缩、无调色板的 BMP 文件, 不识别的文件将跳过。最后一个文件是输出的 TIFF 格式文件。

Linux 系统中可用 evince 浏览 TIFF 文件。

3.2.5 librsvg

librsvg 是 GNOME 项目的一部分, 提供 SVG 渲染的图形库, 设计目标是轻量级和可移植性。作者 Raph Levien, 以 GPL/LGPL 版权协议发布。

下面是与 librsvg 相关的软件源。

```
libxml2 主页: http://xmlsoft.org
libxml2 源码: ftp://xmlsoft.org/libxml2/libxml2-2.9.4.tar.gz
librsvg/libcroco 主页: https://www.gtk.org/
libcroco 源码: https://download.gnome.org/sources/libcroco/0.6/libcroco-0.6.8.tar.xz
librsvg 源码: https://download.gnome.org/sources/librsvg/2.40/librsvg-2.40.5.tar.xz
```

librsvg 依赖 libxml2 和 libcroco。这两个库分别提供 XML(eXtensible Markup Language, 可扩展标记语言) 和 CSS(Cascading Style Sheet, 级联样式表单) 语言的解析功能, 并且 librsvg 也不是必需的, 本系统略过。

3.3 文字显示及渲染

无论是否有图形界面, 文字显示都是计算机进行人机交互必不可少的功能。早期的计算机字符终端, 计算机存储了字符的点阵字形, 通过硬件的字符发生器在显示器上显示字符。现在图形显示器的字符界面也借鉴了这种技术, 只不过不再用硬件存储字形数据, 而是将字符集所包含的字形信息做成字库文件, 成为软件的一部分, 通过软件的方式显示字形。以英语字符集中的字母 "T" 为例, 计算机显示文字有以下步骤:

(1) 从文件或存储设备中获得待显示文字的编码, 这里是 ASCII 码 0x54。

(2) 根据编码在字体库中得到它的字形。

(3) 将字形以视觉形式展现在显示设备上。

下面是一个 16×16 点阵字体显示的例子, 通过它可以简单地了解文字显示过程。

```
1   short font_16x16[128][16] = {
2       ...
3       {  /*  ASCII 'T', index=0x54,        FONT        */
4           0b0000000000000000,    /*                    */
5           0b0000000000000000,    /*                    */
6           0b0001111111111000,    /*  ############      */
7           0b0001100110011000,    /*  ##    ##    ##     */
8           0b0001000110001000,    /*  #     ##     #     */
9           0b0001000110001000,    /*  #     ##     #     */
10          0b0000000110000000,    /*        ##           */
11          0b0000000110000000,    /*        ##           */
12          0b0000000110000000,    /*        ##           */
13          0b0000000110000000,    /*        ##           */
14          0b0000000110000000,    /*        ##           */
15          0b0000000110000000,    /*        ##           */
16          0b0000000110000000,    /*        ##           */
17          0b0000000110000000,    /*        ##           */
18          0b0000000000000000,    /*                    */
19          0b0000000000000000     /*                    */
20      },
21      ...
22  };
23
```

```
24      int index = 'T';
25      for (int i = 0; i < 16; i++) {
26          short c = font_16x16[index][i];
27          for (int j = 0; j < 16; j++) {
28              if (c & 0x8000)
29                  printf("#");
30              else
31                  printf(" ");
32              c <<= 1;
33          }
34          printf("\n");
35      }
```

程序中建立了一张 ASCII 字符到字形的对应表 (ASCII 字符集共 128 个。程序清单中只打印了字母 "T" 的字形)。一个 16×16 的字形需要 256 位, 相当于 32 字节。程序根据每位的值在屏幕对应位置打印相应的符号。

更一般的做法, 则是把这张固定在程序中的字形做成文件。不同字体放在不同的文件中, 程序通过选择不同的文件展示不同的字体。这样的文件就是通常所说的字库。

虽然这里的例子是显示英文字符, 但对于显示中文等其他语言的文字方法也是一样的。差别只是中文字符集比英文大得多、存储字形的字库文件比较大而已。从上面的过程中可以看出, 文字编码也非常重要。如果用错了编码, 比如中文文本使用 GB18030 编码, 但字库以 Unicode 为索引, 显示的就会是乱码。

计算机系统的字体主要有两大类: 点阵字体和矢量字体。前者用点阵来描述字形, 如上面的例子; 后者用一组线条描述字形的轮廓或者笔画, 如图 3.4 所示。线条可以通过数学函数进行精确的处理。因此对矢量字体进行缩放、旋转等变换后, 仍能保持字形完美。这些特

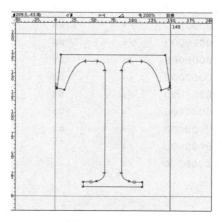

图 3.4 矢量字形

点是点阵字体不具备的。但点阵字体也有它的优势：在字号不大的情况下，占用存储空间小，且显示算法简单，对系统资源要求低，在计算机技术发展的早期曾起到重要的作用。

Linux 系统中，用于实现文本显示效果的主要由以下 5 个层层依赖的库构成：

(1) FreeType: 根据 Fontconfig 指导的字体，将字符转换成字形，处理字符显示工作。

(2) Fontconfig: 字符除了语言外，还包括字族、样式、粗细、字号等特征。出于存储效率的考虑，并非所有字库都包含了完整的字符集数据。Fontconfig 根据字符属性选择字体文件。

(3) FriBidi: Unicode 双向算法实现，主要用于解决希伯来文或者阿拉伯文这种从右向左书写的文字显示。

(4) HarfBuzz: OpenType 文本布局引擎。

(5) Pango: 文本布局和渲染。

图 3.5是文本布局 Pango 的依赖关系。桌面系统中，Cairo 常作为 Pango 的后端，实现字形图像输出。

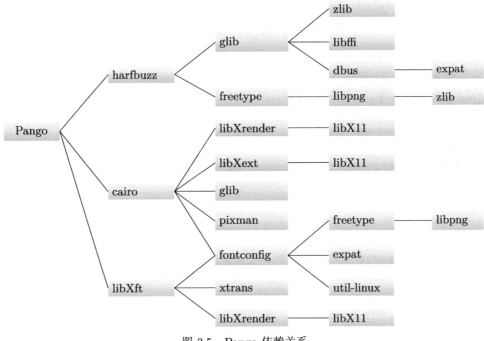

图 3.5　Pango 依赖关系

3.3.1　Glib

Glib 是跨平台的开源软件库，以 LGPL 版权协议发布，原作者是 Shawn Amundson。Glib 始于 GTK 项目。GTK 第 2 版发布前，不属于 GUI部分被剥离单独开发，这部分就是 Glib, 目前属于 GNOME 项目中的一个独立部分。由于它不再包含图形接口功能, 非 GUI的开发者也可以使用 Glib 而不需要依赖整套图形库。Glib 由 5 个子库组成: GObject、GModule、GLib、GThread 和 GIO。注意不要将 Glib 与 GLibc 混淆, 前者来自 GTK 项目, 后者来自 GNU 项目。

Glib 依赖 DBus、libffi (Foreign Function Interface, FFI, 各种函数调用的高级语言接口) 和 zlib。

与 Glib 相关的软件源如下:

```
expat 主页:https://libexpat.github.io
expat 源码:https://github.com/libexpat/libexpat/releases/download/R_2_2_9/expat-2.2.9
    ↪ tar.bz2
dbus 主页:https://dbus.freedesktop.org
dbus 源码:https://dbus.freedesktop.org/releases/dbus/dbus-1.13.10.tar.gz
libffi 主页:https://sourceware.org/libffi
libffi 源码:https://github.com/libffi/libffi/releases/download/v3.3/libffi-3.3.tar.gz
glib 主页:https://www.gtk.org
glib 源码:https://download.gnome.org/sources/glib/2.53/glib-2.53.4.tar.xz
```

DBus (Desktop Bus, 桌面总线) 是一种总线信息交换方式, 负责桌面系统的进程间通信。它的配置文件使用 XML语言, 通过 Expat 库支持。Expat 使用标准配置过程编译。配置 DBus 编译环境如下:

```
$ ../configure \
  --prefix=/usr \
  --host=aarch64-linux \
  --disable-tests \
  --disable-installed-tests \
  --enable-abstract-sockets \
  --with-dbus-user=dbus \
  --enable-shared \
  --disable-static
```

DBus 是建立在套接字上的进程间通信机制。当采用总线模式时, 系统需要维护一个 DBus 守护进程, 每个进程的消息请求和发送通过 DBus 守护进程转发。运行 DBus 守护进程, 还需要为它创建一个名为 dbus 的用户 (用户名由编译时的配置选项--with-dbus-user 指定)。在树莓派上使用 adduser 命令创建用户:

```
# adduser -h / -s /bin/sh -g "System message bus" -D -u 81 dbus
```

也可以手工编辑 /etc/passwd 和 /etc/group 这两个文件, 为系统添加用户。

启动守护进程使用程序清单 3.4 的脚本, 通常会将这个脚本加入系统启动管理项。

程序清单 3.4　DBus 服务管理/etc/init.d/dbus

```
1  #!/bin/sh
2
3  DAEMON=/usr/sbin/dbus-daemon
4  PIDFILE=/var/run/dbus/pid
5
6  start() {
7    if [ ! -d /var/lib/dbus ]; then
8      mkdir -p /var/lib/dbus
9    fi
10   if [ ! -e /var/lib/dbus/machine-id ]; then
11     /usr/bin/dbus-uuidgen --ensure
12   fi
13   if [ ! -d /var/run/dbus ]; then
14     mkdir -p /var/run/dbus
15   fi
16   start-stop-daemon --start --quiet --pidfile $PIDFILE \
17       --exec $DAEMON -- --system
18 }
19
20 stop() {
21   start-stop-daemon --stop --retry 5 --quiet --oknodo \
22       --pidfile $PIDFILE
23 }
24
25 reload() {
26   if [ -e /var/run/dbus/pid ]; then
27     echo -e "\nReloading D-BUS configuration ... \c"
28     if dbus-send --system --type=method_call \
29         --dest=org.freedesktop.DBus \
30         / org.freedesktop.DBus.ReloadConfig 2>/dev/null; then
31       echo -e "ok!\n"
32     else
33       echo -e "failed!\n"
34     fi
35   else
36     start
37   fi
```

```
38 }
39
40 status() {
41   if [ -e /var/run/dbus/pid ]; then
42     echo -e "\ndbus is running.\n"
43     exit 0
44   else
45     echo -e "\ndbus is not running.\n"
46     exit 1
47   fi
48 }
49
50 case $1 in
51   start) start
52     ;;
53   stop) stop
54     ;;
55   status) status
56     ;;
57   restart) stop; start
58     ;;
59   reload) reload
60     ;;
61   *) echo -e "\n$0 [start|stop|restart|reload|status]\n"
62     ;;
63 esac
```

libffi 在向 64 位系统移植时, 库文件会被缺省地复制到 INSTALL_PATH/usr/lib64/ 目录而不是 INSTALL_PATH/usr/lib/ 目录。为了避免上层软件在编译时查找 libffi 的麻烦, 配置 libffi 时可增加一个选项 --disable-multi-os-directory。否则, 编译依赖 libffi 的软件, 需要在变量 LDFLAGS 中增加一个目录。在移植 32 位系统时, 这个选项不起作用。

Glib 配置时需要避开一些交叉编译检查, 配置如下:

```
$ ../configure \
    --host=aarch64-linux \
    --prefix=/usr \
    glib_cv_stack_grows=no \
    glib_cv_uscore=no \
    glib_cv_va_val_copy=no \
```

```
--disable-libmount \
--with-pcre=internal \
--with-threads=posix \
--enable-shared \
--disable-static
```

3.3.2 FreeType

FreeType 开发库用于文字的点阵渲染, 提供与字体相关的操作, 采用类 BSD 和 GPL 双版权协议发布。它支持包括 TrueType、Type1 和 OpenType 在内的一系列字体格式。它的设计目标是 "能产生高质量字符输出效果, 小巧、高效、高度可定制、可移植"。

FreeType 软件源如下:

```
freetype 主页: https://www.freetype.org
freetype 源码: https://download.savannah.gnu.org/releases/freetype/freetype-2.10.1.
    ↪ tar.bz2
```

FreeType 项目始于 1996 年, 作者 David Turner 最初使用的是 Pascal 语言。1997 年由作者 Robert Wilhelm 将其移植到 C 语言。目前的维护者是 Werner Lemberg。

FreeType 2.0 版于 2000 年发布, 软件全部重写使其模块化。为了与前一版相区别, 将其命名为 FreeType2。现在提到的 FreeType, 如无特别强调, 均指 FreeType 的第 2 版。第 2 版去除了 OpenType 文本布局功能, 专注字符显示效果方面的工作。文本布局由上层库 (如 Pango) 实现。

FreeType 除用于 Linux 的各种发行版以外, Android 系统也用它作为字体渲染工具。苹果公司除了使用自己开发的 AAT (Apple Advanced Typography, 苹果高级字形) 以外, 在 iOS 和 OSX 也用到了 FreeType。Sun 公司的 Java 开发平台 OpenJDK 在 2007 年用 FreeType 取代了私有版权协议的字体工具。

FreeType 自身已包含 zlib 解压代码, 在配置时可以选择依赖共享库 zlib 或使用自带的 zlib。FreeTpye 支持的点阵字体有 BDF (Glyph Bitmap Distrubution Format, 字形点阵图分布格式, 由 Adobe 公司开发, 主要用于 UNIX X Window 系统) 和 PCF (Portable Compiled Format, 可移植编译格式字体, BDF 的替代产品, 用于 X Window 系统)。此外, 如果选择 libpng 依赖, 可以支持 PNG 格式的点阵字形。程序清单 3.5是利用 FreeTpye 库实现字符串旋转的例子。

FreeType 的配置命令如下:

```
$ ../configure \
    --host=aarch64-linux \
```

```
--prefix=/usr \
--without-harfbuzz \
--with-zlib \
--with-png \
--enable-shared \
--disable-static
```

FreeType 中的一些特性依赖 HarfBuzz, 而 HarfBuzz 也依赖 FreeType, 从而导致 "先有鸡还是先有蛋" 的问题。如果要完美地解决这个问题, 根据 FreeType 的文档介绍, 可以先按上面的配置编译出 FreeType 并安装, 再编译、安装 HarfBuzz, 最后再改用配置选项 `--with-harfbuzz` 编译一次 FreeType。第二次配置 FreeType 之前应将第一次编译目录下的文件删除, 或执行 `make distclean`。仅执行 `make clean`, 不会清除之前的配置结果。为避免依赖关系复杂化, 这里没有采用上面的做法, 仍保留目前简单的单向依赖关系。

程序清单 3.5　使用 FreeType 库显示矢量字体 sample_freetype.c

```
1  /*
2   * Filename: sample_freetype.c
3   *     使用 FreeType 库旋转字符串,
4   *     结果显示在设备 /dev/fb0 (帧缓冲设备 FrameBuffer).
5   */
6
7  #include <stdlib.h>
8  #include <stdio.h>
9  #include <string.h>
10 #include <math.h>
11 #include <sys/types.h>
12 #include <sys/stat.h>
13 #include <sys/ioctl.h>
14 #include <fcntl.h>
15 #include <sys/mman.h>
16 #include <linux/fb.h>
17
18 #include <ft2build.h>
19 #include FT_FREETYPE_H
20
21 #define WIDTH    1366
22 #define HEIGHT   768
23
24 unsigned char image[HEIGHT][WIDTH];
```

```
25
26  void draw_bitmap(FT_Bitmap* bitmap, FT_Int x, FT_Int y)
27  {
28      /* 左上角是坐标原点 */
29      FT_Int  i, j, p, q;
30      FT_Int  x_max = x + bitmap->width;
31      FT_Int  y_max = y + bitmap->rows;
32
33      for (i = x, p = 0; i < x_max; i++, p++)
34          for (j = y, q = 0; j < y_max; j++, q++)
35              if ((i >= 0) && (j >= 0) && (i < WIDTH) && (j < HEIGHT))
36                  image[j][i] |= bitmap->buffer[q * bitmap->width + p];
37  }
38
39  void pixel(unsigned int *fbp, int x, int y, unsigned int color)
40  {
41      unsigned int offset = y*1376+x;
42
43      *(fbp+offset) = color;
44  }
45
46  void show_image(void)
47  {
48      int  i, j, x,y ;
49      int fd;
50      unsigned int *fbp;
51
52      fd = open("/dev/fb0", O_RDWR);
53
54      fbp = (unsigned int *)mmap(NULL, 1376*768*4,PROT_READ|PROT_WRITE,
55                          MAP_SHARED,fd, 0);
56
57      for (i = 0; i < HEIGHT; i++) {
58          for (j = 0; j < WIDTH; j++)
59              if(image[i][j] != 0)
60                  pixel(fbp, j, i, 0xffffffff);
61              else
62                  pixel(fbp, j, i, 0x00000000);
63      }
```

```
64  }
65
66  int main(int argc, char* argv[])
67  {
68      FT_Library    library;
69      FT_Face       face;
70      FT_GlyphSlot  slot;
71      FT_Matrix     matrix;                    /* 转换矩阵 */
72      FT_Vector     pen;                        /* 原始坐标 */
73      FT_Error      error;
74
75      char*         filename;
76      char*         text;
77
78      double        angle;
79      int           target_height;
80      int           num_chars;
81
82      if (argc != 3) {
83          fprintf (stderr, "usage: %s font sample-text\n", argv[0]);
84          exit( 1 );
85      }
86
87      filename     = argv[1];                   /* 字体文件          */
88      text         = argv[2];                   /* 字符串            */
89      num_chars    = strlen(text);
90      angle        = (15.0 / 180) * M_PI;       /* 旋转15°           */
91      target_height = HEIGHT;
92
93      error = FT_Init_FreeType(&library);       /* 初始化字库         */
94      /* ... 错误处理略  */
95
96      error = FT_New_Face(library, filename,0,&face); /* 创建画图面 */
97      /* ... 错误处理略  */
98
99      /* 设置字号 50pt, 分辨率 100dpi */
100     error = FT_Set_Char_Size(face, 50 * 64, 0, 100, 0);
101     /* ... 错误处理略  */
102     slot = face->glyph;
```

```
103
104     /* 坐标旋转 */
105     matrix.xx = (FT_Fixed)( cos(angle) * 0x10000L);
106     matrix.xy = (FT_Fixed)(-sin(angle) * 0x10000L);
107     matrix.yx = (FT_Fixed)( sin(angle) * 0x10000L);
108     matrix.yy = (FT_Fixed)( cos(angle) * 0x10000L);
109
110     /* 起笔点 (300, 200) */
111     pen.x = 300 * 64;
112     pen.y = (target_height - 200) * 64;
113
114     for (int n = 0; n < num_chars; n++) {
115         /* set transformation */
116         FT_Set_Transform(face, &matrix, &pen);
117
118         /* 从字库中提取字形 */
119         error = FT_Load_Char(face, text[n], FT_LOAD_RENDER);
120         /* 错误处理略 */
121
122         /* 将字形复制到缓冲区 */
123         draw_bitmap(&slot->bitmap,
124                     slot->bitmap_left,
125                     target_height - slot->bitmap_top);
126
127         /* 画笔移到下一位置 */
128         pen.x += slot->advance.x;
129         pen.y += slot->advance.y;
130     }
131
132     show_image();          /* 将缓冲区复制到设备/dev/fb0 */
133     getchar();             /* 等待任一按键结束程序 */
134
135     FT_Done_Face    (face);
136     FT_Done_FreeType(library);
137
138     return EXIT_SUCCESS;
139 }
```

程序在字符界面运行:

```
$ ./sample_freetype /usr/share/fonts/dejavu/DejaVuSans.ttf "Raspberry Pi 4"
```

程序根据第一个参数指定的字体, 在字符界面 (/dev/fb0) 按 15° 倾角显示第二个参数给出
的字符串 (见图 3.6)。程序在 1366×768 的显示模式工作, 程序第 54 行的数字 "1376" 是帧
缓冲设备一行的长度。帧缓冲设备中, 一行的字节数要求是 4 的整倍数。

图 3.6　利用 FreeType 库显示字符

3.3.3　HarfBuzz

HarfBuzz ("Opentype" 的波斯语音译) 用于转换 Unicode 文字到字符, 转换的结果用
于索引字体。HarfBuzz 专门处理字型显示。作者 Behdad Esfahbod 将其定义为字形引擎
而非布局引擎, 它专注于相同字体的 Unicode 字符显示的一致性问题, 避免在不同应用场
合 (例如打印和屏显) 同样的文本、同样的字体看上去会有差别。最初的 HarfBuzz 代码源
自 FreeType 的一部分, 分别在 Qt 和 Pango 项目中开发, 后二者合并, 以 MIT 版权协议发
布。Behdad Esfahbod 也是目前 FriBidi 的开发者和维护者。Behdad Esfahbod 也因其对
HarfBuzz 的贡献获得 2013 年度 O'Reilly 开源奖 [①]。

HarfBuzz 软件源如下:

```
harfbuzz 主页: https://harfbuzz.github.io
harfbuzz 源码: https://www.freedesktop.org/software/harfbuzz/release/harfbuzz-2.6.4.
    ↪ tar.xz
icu 主页: http://site.icu-project.org
icu 源码: http://download.icu-project.org/files/icu4c/57.1/icu4c-57_1-src.tgz
```

使用 HarfBuzz 的应用软件有网络浏览器 FireFox、Chromium、文档处理工具 XeTeX、
LibreOffice 等。

HarfBuzz 依赖 freetype 和 glib, 间接依赖 libpng、zlib (见图 3.5), 可选择依赖 cairo、
icu (International Components for Unicode) 和 graphite。典型的配置选项如下:

---

① O'Reilly Media, 专注于计算机技术的电子媒体出版公司。

```
$ ../configure --host=aarch64-linux \
    --prefix=/usr \
    --with-freetype \
    --without-fontconfig \
    --without-cairo \
    --without-icu \
    --enable-shared \
    --disable-static
```

HarfBuzz 库中带有三个命令行工具: hb-shape、hb-view 和 hb-subset。这些命令用于 HarfBuzz 功能测试、调试字体和生成字体文件。hb-view 依赖 cairo 输出图形, 要生成 hb-view, 必须改变 HarfBuzz 的依赖关系, 将 cairo 加入依赖。下面的命令用文鼎楷体在字符终端输出"树莓派"三个字的字形:

```
$ hb-view /usr/share/fonts/truetype/arphic/ukai.ttc 树莓派
```

更精细的显示结果可以用选项 "-o filename" 输出到图形文件中查看, 它支持 PNG、PDF、SVG 等图形格式 (取决于 cairo 库的支持情况)。hb-subset 可从字体库中提取部分字符生成一个子库:

```
$ hb-subset /usr/share/fonts/truetype/dejavu/DejaVuSans.ttf 0123456789ABCDEFG -o
    ↪ letters.ttf
```

3.3.4 FriBidi

GNU FriBidi 是实现 Unicode 双向文稿算法的开源软件库。最初的作者是 Dov Grobgeld, 目前的开发者和维护者是 Behdad Esfahbod。

大多数文字的文本存储顺序和书写顺序是一致的 (习惯上, 存储单元地址从前到后对应文字从左到右)。但有些语言, 书写方向与文本存储顺序相反 (如希伯来文、阿拉伯文)。FriBidi 的作用就是用于这类文字的显示。文本布局引擎 Pango 已内嵌了精简版的 FriBidi。一些窗口管理器将 FriBidi 作为可选功能, AbiWord (一款应用于 Linux 平台、类似微软 Word 的字处理软件) 中用到了 FriBidi, 还有一款文本阅读软件 FBReader 使用了双向排版功能, 媒体播放器的字幕支持库 libass 依赖 FriBidi。

```
fribidi 主页: https://fribidi.org
fribidi 源码: https://github.com/fribidi/fribidi/releases/download/v1.0.9/fribidi
    ↪ -1.0.9.tar.xz
```

    FriBidi 使用标准配置过程, 它不依赖其他软件包。在中英文系统中, 只有少数软件与它形成强依赖关系。出于简化系统的目的, 通常可以不将其编译进目标系统。

3.3.5 Fontconfig

    Fontconfig 设计用于为其他程序提供字体配置、枚举和替换功能。原作者是 Keith Packard, 目前的维护者是 Behdad Esfahbod。Fontconfig 主要用于 Linux 或其他类 UNIX 系统图形桌面, 有时也用于其他平台, 如 Windows 版的 GIMP 使用 Pango 进行文本布局。Fontconfig 依赖 util-linux、FreeType 和 Expat。

```
fontconfig 主页: https://www.freedesktop.org/wiki/Software/fontconfig/
fontconfig 源码: https://www.freedesktop.org/software/fontconfig/release/fontconfig
    ↪ -2.13.1.tar.gz
```

    Fontconfig 提供下面几个与系统字体配置相关的工具:

(1) fc-list: 字体列表。

(2) fc-cache: 为所有 FreeType 可识别的字体创建缓存。

(3) fc-match: 字体模式匹配。

(4) fc-query: 字体文件查询。

(5) fc-scan: 字体文件及目录扫描。

(6) fc-cat: 读取字体信息。

(7) fc-pattern: 根据提供的模式列出最合适的字体。

(8) fc-validate: 字体文件生效。

    Fontconfig 依赖 FreeType 的字形处理功能。字体配置文件采用可扩展标记语言 XML, 因此它也依赖 XML 语言的解析功能。Linux 系统中负责解释 XML 的主要有两个库: Expat 和 libXML2。前者的规模略小一些。配置编译选项时如不明确指定 `--enable-libxml2`, 则默认的方式是选择对 Expat 的依赖。由于 Expat 也是 DBus 的支持库, 这里同样也选择依赖 Expat。Fontconfig 配置如下:

```
$ ../configure \
    --host=aarch64-linux \
    --prefix=/usr \
    --with-arch=aarch64 \
```

```
--with-cache-dir=/var/cache/fontconfig \
--with-default-fonts=/usr/share/fonts \
--with-baseconfigdir=/etc/fonts \
--without-add-fonts \
--enable-shared \
--disable-static
```

Fontconfig 默认的配置文件是 /etc/fonts/fonts.conf, 存放配置文件的目录可以通过选项 --with-baseconfigdir 设置。默认的配置文件中列出了几个存放字体文件的目录, 它通常包含 /usr/share/fonts、/usr/local/share/fonts、~/.fonts 这几个目录。供个人单独使用的字体建议放在个人目录的 ~/.fonts 目录里。

桌面系统使用前, 应通过下面的命令设置字体缓存:

```
$ fc-cache
```

缓存文件在 /var/cache/fontconfig 目录, 目标系统运行这个命令之前应先创建这个目录。

另一个常用的命令是 fc-list, 它列出可使用的字体文件、字族、字体名称等相关信息, 一些非图形化的软件可能会用到。

3.3.6 Pango

Pango 是文本布局引擎库, 与字形引擎 HarfBuzz 共同实现多语言文字显示。原作者是 Owen Taylor 和 Raph Levien, 目前由 Behdad Esfahbod 维护, 以 LGPL 版权协议发布。

软件名称 Pango 来自希腊语 "$\Pi\alpha\nu$ ('全部' 的意思)" 和日语 "語 (音 'go')" 两个词组合的音译, 意指多语言支持。项目最早始于 2000 年 1 月, 由当时的 GScript 和 GNOME Text 两个项目合并而成。Pango 字形支持库由 FreeType、Fontconfig 和 HarfBuzz 提供, 通过图形库 cairo 支持, 可以完美实现高质量文字处理和图像渲染效果。

Pango 软件源如下:

```
pango 主页: http://www.pango.org
pango 源码: http://ftp.gnome.org/pub/gnome/sources/pango/1.40/pango-1.41.0.tar.xz
```

Pango 依赖 Glib、HarfBuzz、FreeType、cairo。作为 GTK 的支持库, 应选择 cairo 后端, Xft 不是必需的; 而在 X Window 系统中则依赖 libXft, 建议选择 Xft 后端。此处将两项依赖关系都加入 Pango, 配置编译环境如下:

```
$ ../configure \
   --host=aarch64-linux \
   --prefix=/usr \
```

```
--with-cairo \
--with-xft \
--enable-shared \
--disable-static
```

根据选择不同的后端, 编译后会生成 libpangoft.so (依赖 FreeType)、libpangoxft.so (依赖 libXft)、libpangocairo.so (依赖 cairo) 的共享库, 以及其他一些支持模块。编译 panggo 同时还会生成一个应用程序 pango-view, 它用来展现 Pango 的文字布局功能。图 3.7和图 3.8是使用不同字体对一段文字排版的例子, 命令中使用的字体名称可通过 Fontconfig 提供的命令 `fc-list` 查询。

```
$ pango-view --markup \
        --font 'AR PL UMing CN 32' \
        --margin 50 \
        --text="床前明月光 , \
            &#10;疑是地上霜。 \
            &#10;举头望明月 , \
            &#10;低头思故乡。 "
```

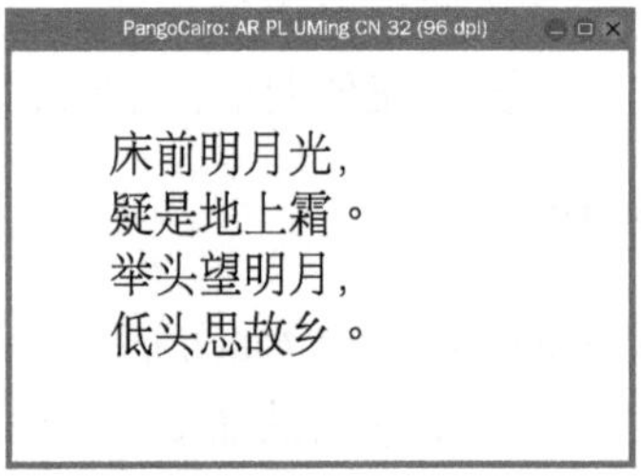

图 3.7　pango-view: 横版

```
$ pango-view --markup \
        --font 'Lisu 32' \
        --margin 50 \
        --rotate -90 \
        --gravity east \
        --text="床前明月光 , \
            &#10;疑是地上霜。 \
            &#10;举头望明月 , \
            &#10;低头思故乡。 "
```

图 3.8　pango-view: 竖版

3.4　图形工具库 GTK

GTK 是 Linux 系统中重要的图形工具库, 是很多桌面环境及图形软件的基础库。GTK 项目始于 1998 年 4 月, 原作者是 Spencer Kimballs、Peter Mattis 和 Josh MacDonald。目前 GTK3 是 GNOME 项目的一部分, 以 LGPL 版权协议发布。GTK 库基于 GLib 的 GObject 提供一系列由 C 语言写成的面向对象的组件工具。使用不同的显示引擎, 可以将 GTK 组件配置成不同的外观。

GTK 应用于包括 GNOME、Unity 在内的许多桌面环境和窗口管理器中, 除 GNOME 核心应用以外, 目前在 Linux 系统中有大量软件使用了 GTK, 其中包括:

(1) Anjuta 集成开发环境。

(2) Ardour 数字音频工作站。

(3) Chromium Web 浏览器。

(4) 个人信息管理系统 Evolution。

(5) 轻量级跨平台集成开发环境 Geany。

(6) 图形编辑器 GIMP (GTK 名称的第一个字母即由此而来)。

(7) 矢量图形编辑器 Inkscape。

(8) 电子表格 Gnumeric。

GTK 的程序可以在其他桌面环境和窗口管理器中运行 ①, 只要安装了 GTK 的相关库, 即使这个环境不是基于 GTK 的。一个典型的例子就是在 KDE 窗口管理器中运行 GIMP。

这里选取 XFCE4-4.14 版本进行移植, 该版本于 2019 年 8 月发布, 主页 `https://www.xfce.org`, 它依赖 GTK3。编译 XFCE4 应先编译 GTK3。图 3.9是构成 GTK3 库的软件层次结构。由于篇幅所限, 重复的依赖关系没有全部画出。

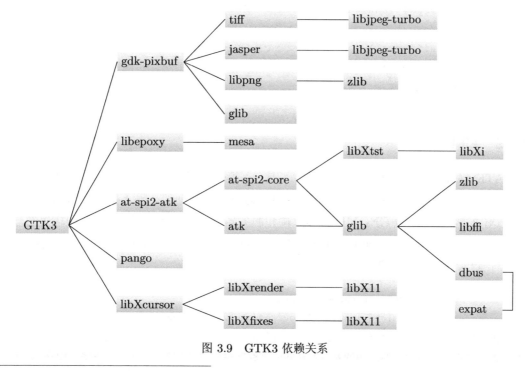

图 3.9　GTK3 依赖关系

---

① 早期软件名称为 GTK+。2019 年 2 月, 开发组决定将其下一个版本命名为 GTK4, 不再使用加号。本书只讨论 GTK3 的移植, 虽然官方发布的软件包名称仍然是 gtk+-3, 为简单起见, 本书正文统一用 GTK 表示。

GTK3 库主要由负责图形处理的 GDK-PixBuf、负责文字处理的 Pango、访问控制 ATK 等部分构成。这里编译依赖 XLIB 的后端，包括 3D 图形库 mesa。

3.4.1 GDK-PixBuf

GDK-PixBuf, GDK 原意为 GIMP 画图工具包 (GIMP Drawing Kit), gimp (GNU Image Manipulation Program, GNU 图像处理程序) 是 Linux 系统中著名的图像编辑器。GDK-PixBuf 是图像加载和像素缓冲处理的工具包, 通过不同的底层图形库支持 JPG、PNG、TIFF 格式的图像处理。这些图像格式可根据需要选择支持。

GDK-PixBuf 软件源如下:

```
gdk-pixbuf 主页: https://www.gtk.org
gdk-pixbuf 源码: https://download.gnome.org/sources/gdk-pixbuf/2.36/gdk-pixbuf
    ↪ -2.36.0.tar.xz
```

GDK-PixBuf 编译配置选项如下:

```
$ ../configure \
    --host=aarch64-linux \
    --prefix=/usr \
    gio_can_sniff=yes \
    --enable-shared \
    --disable-static
```

3.4.2 ATK

ATK (Accessibility ToolKit, 访问性工具包) 提供一组接口, 让可访问工具观察和控制应用程序, 是在客户机/服务器结构中提供透明访问的一种框架。输入接口来自 X Window 的 libXi 扩展。ATK 为 GNOME 的客户端和服务器端提供了不同的 API, 客户端另有一个名称 AT-SPI (Assistive Technology Service Provider Interface, 辅助技术服务提供者接口)。

与 ATK 相关的软件源如下:

```
atk 主页: https://developer.gnome.org/atk
atk 源码: https://download.gnome.org/sources/atk/2.26/atk-2.26.1.tar.xz
at-spi2-core 主页: https://wiki.gnome.org/Apps
at-spi2-core 源码: https://download.gnome.org/sources/at-spi2-core/2.26/at-spi2-core
    ↪ -2.26.3.tar.xz
at-spi2-atk 主页: https://wiki.gnome.org/Apps
```

```
at-spi2-atk 源码: https://download.gnome.org/sources/at-spi2-atk/2.26/at-spi2-atk
    ↪ -2.26.2.tar.xz
```

ATK 一组库由 at-spi2-core、atk、at-spi2-atk 软件包组成, 它们都可以用标准配置过程编译。

3.4.3　Cairo

Cairo 是一个二维矢量图形处理库, 支持 X Window 系统 (Xlib 和 XCB)、Quartz、Win32、图像缓存、PS、PDF 和 SVG 文件输出, 在有条件的情况下支持硬件加速。项目源自 X Window 系统的 Xr/Xc, 软件名称来自 "Xr" 对应的两个希腊字母 χ、ρ 的发音。除了支持图像缓存以外, 还可以直接输出 PS、PDF 和 SVG 格式的矢量图形文件。原作者是 Keith Packard 和 Carl Worth。Cairo 按 LGPL/Mozilla 公共版权协议发布。

GTK 从 2.8 版本开始, 大多数控件通过 Cairo 渲染, GTK3 则全部渲染工作由 Cairo 完成。其他使用 Cairo 的著名应用有:

(1) Mozilla 排版引擎。

(2) 矢量绘图工具 Inkscape。

(3) 交互作图工具 Gnuplot。

(4) 字体编辑工具 FontForge。

(5) PlayStation 3 的网络浏览器。

Cairo 库中的文字输出部分由 FreeType 和 Fontconfig 支持, 像素处理函数库 pixman (Pixel Manipulation) 提供图像组合、变换等低级函数。

这两个软件源如下:

```
pixman 主页: http://www.pixman.org
pixman 源码: https://www.cairographics.org/releases/pixman-0.38.4.tar.gz
cairo 主页: https://cairographics.org
cairo 源码: https://cairographics.org/releases/cairo-1.16.0.tar.xz
```

Cairo 画图模式和程序输出图形如图 3.10 所示。

Cairo 画图模式有以下三个步骤:

(1) 在屏蔽层 (mask) 创建矢量图形, 矢量图形可以是圆形、矩形、TrueType 字体、曲线等。

(2) 定义源 (source), 源可以是颜色 (纯色或渐变色)、位图或矢量图。将之前定义的屏蔽层投射到源上。

(3) 结果传递到目标或图面 (surface), 图面是由后端设备提供的输出, 如显示器、文件等。

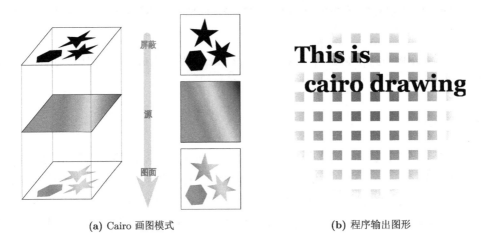

(a) Cairo 画图模式   (b) 程序输出图形

图 3.10　Cairo 画图模式及输出图形

    一个看起来相当精致的图形, 用 Cairo 库写成的源代码不过区区数十行, 见程序清单 3.6。

程序清单 3.6　　使用 Cairo 库画图 sample_cairo.c

```
1  /*
2   * Filename:  sample_cairo.c
3   * 使用 cairo 库画图
4   */
5
6  #include <cairo-pdf.h>
7  #include <stdlib.h>
8
9  int main(int argc, char *argv[])
10 {
11     cairo_t *cr;
12     cairo_surface_t *surface;
13     cairo_pattern_t *pattern;
14
15     int x,y;
16
17     surface = (cairo_surface_t *)cairo_pdf_surface_create(
18         "cairo_sample.pdf", 100.0, 100.0
19         );
20
```

```
21      cr = cairo_create(surface);
22
23      /* 画方块背景 */
24      for (x = 0; x < 10; x++)
25          for (y = 0; y < 10; y++)
26              cairo_rectangle(cr, x*10.0, y*10.0, 5, 5);
27
28      pattern = cairo_pattern_create_radial(50, 50, 5, 50, 50, 50);
29      cairo_pattern_add_color_stop_rgb(pattern, 0, 0.75, 0.15, 0.99);
30      cairo_pattern_add_color_stop_rgb(pattern, 0.9, 1, 1, 1);
31
32      cairo_set_source(cr, pattern);
33      cairo_fill(cr);
34
35      /* 在背景上输出文字 */
36      cairo_set_font_size (cr, 12);
37
38      cairo_select_font_face (cr, "Georgia",
39                                 CAIRO_FONT_SLANT_NORMAL,
40                                 CAIRO_FONT_WEIGHT_BOLD);
41
42      cairo_set_source_rgb (cr, 0, 0, 0);
43
44      cairo_move_to(cr, 10, 25);
45      cairo_show_text(cr, "This is");
46
47      cairo_move_to(cr, 15, 40);
48
49      cairo_show_text(cr, "cairo drawing!");
50
51      cairo_destroy (cr);
52
53      cairo_surface_destroy (surface);
54
55      return EXIT_SUCCESS;
56 }
```

　　程序生成一个名为 cairo_sample.pdf 的 PDF 矢量图。pixman 和 cairo 均可按标准配置过程编译。

3.4.4　mesa

开放图形库 OpenGL (Open Graphics Library) 是用于渲染平面和三维矢量图形的跨语言、跨平台的应用程序编程接口。OpenGL 利用硬件图形加速器, 实现复杂图形的高效显示, 它非常依赖不同厂商的硬件, 而 mesa 是 OpenGL 和 OpenGLES (OpenGL for Embedded Systems, 嵌入式系统的 OpenGL) 的开源软件实现。

mesa 依赖 XLIB、Expat 和 libdrm。libdrm 是内核 DRM (Direct Rendering Manager, 直接渲染管理) 服务的用户空间接口。图 3.11是它们之间的依赖关系。

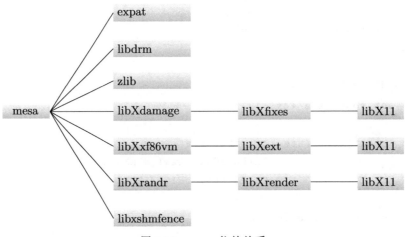

图 3.11　mesa 依赖关系

与 mesa 相关的软件源如下:

```
libdrm 主页: https://dri.freedesktop.org/wiki
libdrm 源码: https://dri.freedesktop.org/libdrm/libdrm-2.4.102.tar.xz
mesa 主页: https://mesa3d.org
mesa 源码: https://archive.mesa3d.org/mesa-20.2.0.tar.xz
```

新版的 libdrm 和 mesa 都已淘汰了 auto configure 而开始采用 meson配置方法。为了使用 meson 配置工具, 需要先编写一个通用的交叉编译配置文件 meson.conf, 文件内容如下:

```
[host_machine]
system = 'linux'
cpu_family = 'aarch64'
cpu = 'aarch64'
endian = 'little'
```

```
[binaries]
c = 'aarch64-linux-gcc'
cpp = 'aarch64-linux-g++'
ar = 'aarch64-linux-ar'
strip = 'aarch64-linux-strip'
pkgconfig = 'pkg-config'

[properties]
c_args = ['-I/home/devel/target/usr/include']
c_link_args = ['-L/home/devel/target/usr/lib']
cpp_args = ['-I/home/devel/target/usr/include']
cpp_link_args = ['-L/home/devel/target/usr/lib']
```

在 libdrm 解压目录下配置编译选项, 指定编译工作目录, 去掉平台不适用的 GPU 选项, 按如下步骤编译和安装 (这里假设交叉编译配置文件 meson.conf 在 /home/deve/ 目录下):

```
$ meson build_aarch64 \
    -Dprefix=/usr \
    -Dintel=false \
    -Dradeon=false \
    -Dnouveau=false \
    -Dfreedreno=false \
    -Damdgpu=false \
    -Dvc4=true \
    -Dudev=false \
    -Dinstall-test-programs=false \
    -Dcairo-tests=false \
    -Dvalgrind=false \
    --cross-file=/home/devel/meson.conf

$ ninja -C build_aarch64
$ DESTDIR=./pkg_install ninja -C build_aarch64 install
```

mesa 配置过程如下:

```
$ meson build_aarch64 \
    -Dprefix=/usr \
    -Dllvm=false \
```

```
-Ddri3=enabled \
-Dglx=dri \
-Dgles1=disabled \
-Dgles2=enabled \
-Degl=enabled \
-Dplatforms=x11 \
-Dgbm=enabled \
-Dgallium-drivers=vc4,v3d \
-Ddri-drivers=swrast \
-Dosmesa=none \
-Dselinux=false \
-Dshared-glapi=enabled \
-Dvulkan-drivers=broadcom \
-Dvalgrind=disabled \
--cross-file=/home/devel/meson.conf
```

编译、安装过程同 libdrm 类似。安装后, 在 lib/dri 下有两个驱动库 vc4_dri.so 和 v3d_dri.so, 分别支持树莓派 3 和树莓派 4。

libepoxy 用于 OpenGL 函数指针管理, 为 GTK 提供简化的调用接口。libepoxy 源码包中没有 configure 文件, 可以先执行**autoget.sh** 生成 configure, 再按标准配置过程编译, 也可以用 meson 配置编译。

libepoxy 软件源如下:

```
libepoxy 主页: https://github.com/anholt/libepoxy
libepoxy 源码: https://github.com/anholt/libepoxy/releases/download/1.5.3/libepoxy
    ↪ -1.5.3.tar.xz
```

3.4.5 GTK 及其应用程序

至此, 图 3.9的依赖关系已具备, 可以移植 GTK 库了。GTK 应用程序同 GTK 库一样, 依赖关系同样复杂, 特别是在交叉编译环境里。本小节将通过一个例子说明编译 GTK 应用程序的方法。

1. 编译 GTK 库

GTK 软件源如下:

```
gtk 主页: https://wiki.gnome.org/Projects/GTK
gtk 源码: https://download.gnome.org/sources/gtk+/3.24/gtk+-3.24.4.tar.xz
```

配置 GTK 时指定 X11 后端:

```
$ ../configure \
  --host=aarch64-linux \
  --prefix=/usr \
  --enable-x11-backend \
  --enable-shared \
  --disable-static
```

2. 编译 GTK 应用程序

程序清单 3.7是一个简单的基于 GTK 库的程序, 程序运行时只有一个按钮组件。单击按钮, 向终端打印 "Hello, World." 并结束程序。在 PC 上, 如果安装了 GTK 开发库, 可以使用 pkg-config 命令获得软件包的头文件路径和链接库, 作为 gcc 的选项参数:

```
$ gcc -o gtkhello gtkhello.c 'pkg-config --cflags --libs gtk+-3.0'
```

程序清单 3.7　　GTK 应用程序 gtkhello.c

```
1  #include <gtk/gtk.h>
2  static void hello(GtkWidget *widget ,
3                    gpointer
4                    data)
5  {
6      g_print("Hello World.\n");
7  }
8
9  static gboolean delete_event(GtkWidget *widget,
10                               GdkEvent *event,
11                               gpointer data)
12 {
13     g_print("delete event occurred.\n");
14     /* "delete_event" 信号句柄返回 FALSE 时发出 "destroy" 信号,
15      * 返回 TRUE 时不销毁窗口. */
16     return FALSE;
17 }
18
19 /* 另一个回调函数. */
20 static void destroy(GtkWidget *widget ,
21                     gpointer
22                     data)
```

```
23  {
24      gtk_main_quit();
25  }
26
27  int main(int argc, char *argv[])
28  {
29      /* 声明组件，组件指针结构为 GtkWidget. */
30      GtkWidget *window;
31      GtkWidget *button;
32
33      /* 解析命令行参数. */
34      gtk_init(&argc, &argv);
35
36      /* 创建顶层窗口. */
37      window = gtk_window_new(GTK_WINDOW_TOPLEVEL);
38
39      /* 设置窗口边界宽度. */
40      gtk_container_set_border_width (GTK_CONTAINER (window), 20);
41
42      /* 将 "window" 的 "delete-event" 信号与回调函数 delete_event()
43       * 关联，向回调函数传递的参数为 NULL.
44       * "delete-event" 信号由窗口管理器发出，通常是标题栏的一个选项.
45       */
46      g_signal_connect(window, "delete-event",
47                       G_CALLBACK (delete_event), NULL);
48
49      /* 将事件"destroy" 连接到信号句柄 destroy().
50       * 当调用函数 gtk_widget_destroy () 时或者 在 delete_event()
51       * 返回 FALSE 时触发 "destroy" 事件. */
52      g_signal_connect(window, "destroy",
53                       G_CALLBACK(destroy), NULL);
54
55      /* 创建按钮，按钮文本 "Hello World". */
56      button = gtk_button_new_with_label("Hello World");
57
58      /* 组件 "button" 的 "clicked" 信号关联回调函数 hello(). */
59      g_signal_connect(button, "clicked",
60                       G_CALLBACK (hello), NULL);
61
```

```
62      /* 组件 "button" 的另一个回调函数，销毁组件 "window". */
63      g_signal_connect_swapped(button, "clicked",
64                                G_CALLBACK(gtk_widget_destroy),
65                                window);
66
67      /* 将组件 "window" 作为容器，在容器里添加组件 "button". */
68      gtk_container_add(GTK_CONTAINER (window), button);
69
70      /* 显示所有组件. */
71      gtk_widget_show_all(window);
72
73      /* 组件创建完毕，所有 gtk 应用程序都会在最后调用 gtk_main(),
74       * 进入事件响应和消息循环. */
75      gtk_main();
76      return 0;
77 }
```

然而在交叉编译时，pkg-config 需要一些环境变量才能正确找到 GTK 以及其他依赖库的头文件，此外还需要传递给 gcc 正确的库路径。使用程序清单 3.8作为 Makefile，编译过程如下：

```
$ export PKG_CONFIG_SYSROOT_DIR=/home/devel/target
$ export PKG_CONFIG_PATH=/home/devel/target/usr/lib/pkgconfig
$ make
```

共享库 libuuid 不能通过 -rpath-link 链接到，需要显式提供给 gcc。

程序清单 3.8　　交叉编译 GTK 应用程序的 Makefile

```
1 CC = aarch64-linux-gcc
2
3 LDFLAGS = -L/home/devel/target/usr/lib
    ↪ -Wl,-rpath-link=/home/devel/target/usr/lib
4 LIBS = -luuid
5 gtkhello: gtkhello.c
6     $(CC) -o $@ $< $(LDFLAGS) $(LIBS) 'pkg-config --cflags --libs gtk+-3.0'
```

3.5　XFCE4 桌面环境

图 3.12 是构成 XFCE4 桌面环境的核心软件。因篇幅所限，更底层的依赖关系和重复的依赖关系没有全部画出。XFCE4 系统的核心部分由窗口管理器 xfwm4、会话管理

xfce4-session、桌面设置管理器 xfce4-settings、文件管理器 Thunar 等软件包组成。除少数软件包以外，所有 XFCE4 项目的软件都可以在 `https://archive.xfce.org/xfce/4.14/src/` 中下载。表 3.9 是本书尝试构建 XFCE4 时使用的桌面环境核心软件。

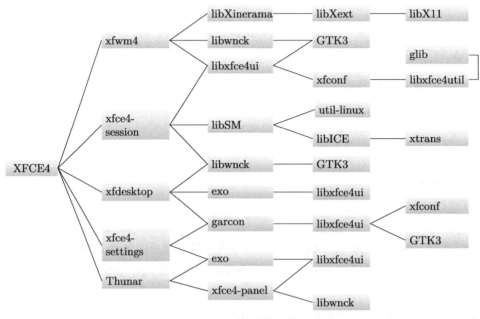

图 3.12　XFCE4 桌面环境核心软件

3.5.1　窗口管理器 xfwm4

　　xfwm4 (XFCE Window Manager) 是 XFWM4 标准的窗口管理器，由 XFCE4 用户接口库 libxfce4ui 和窗口导航构建工具库 libwnck (Window Navigator Construction Kit, WNCK) 构成。libwnck 的基础是 GTK，libxfce4ui 的基础是 libxfce4util。libxfce4ui 是整个 xfwm4 的基础，因此编译 xfwm4 应先编译出 libxfce4ui。

　　其软件源如下：

```
libwnck 源码: https://download.gnome.org/sources/libwnck/3.20/libwnck-3.20.1.tar.xz
```

　　编译 libxfce4ui 的顺序是：X11 → GTK3 → libxfce4util → xfconf → libxfce4ui。X11 和 GTK3 的编译工作已在之前完成，xfconf 和 libwnck 可按标准配置过程编译；libxfce4ui 在标准配置选项中增加一项 `--disable-gtk2`，避开对 GTK2 的依赖 (XFCE4 在发展过程中曾以 GTK2 为基础，XFCE4-4.14 版本尚没有全部淘汰 GTK2)；最后编译 xfwm4。由于 xfwm4 不生成库，因此在标准配置过程的选项中可以移除 `--enable-shared` 和 `--disable-static`。

表 3.9　XFCE4 核心软件包

软件包	功能	版本
Thunar	文件管理器应用	1.8.9
exo	XFCE4 扩展库	0.12.8
garcon	XFCE4 菜单库	0.6.4
gtk-xfce-engine	GTK 引擎	(未安装)
libxfce4ui	XFCE4 用户接口库	4.14.1
libxfce4util	XFCE4 基础库	4.14.0
thunar-volman	移动存储介质自动管理应用	0.9.5
tumbler	缩略图生成工具	0.2.7
xfce4-appfinder	APP 查找应用	4.14.0
xfce4-dev-tools	XFCE4 开发工具	(未安装)
xfce4-panel	面板工具	4.14.0
xfce4-power-manager	电源管理应用	1.6.5
xfce4-session	会话管理器	4.14.0
xfce4-settings	XFCE4 桌面设置管理器	4.14.0
xfce4-terminal	XFCE4 终端 (可用 xterm 替代)	0.8.8
xfconf	XFCE4 设置工具	4.14.1
xfdesktop	XFCE4 桌面管理器	4.14.2
xfwm4	XFCE4 窗口管理器	4.14.0
xfwm4-themes	XFCE4 窗口管理器主题	4.10.0
xfce4-icon-theme	图标	4.4.3

3.5.2　会话管理器 xfce4-session

会话管理器 xfce4-session 负责启动窗口管理器、登录登出等任务。它依赖 libwnck、libxfce4ui 和 libSM。libSM 和 libICE 来自 XLib。

交叉编译 xfce4-session 使用下面的配置:

```
$ ../configure \
  --host=aarch64-linux \
  --prefix=/usr \
  --sysconfdir=/etc \
  ac_cv_func_malloc_0_nonnull=yes
```

3.5.3　桌面设置管理器 xfce4-settings

桌面设置管理器 xfce4-settings 依赖 exo 和 garcon。exo 是针对应用开发的 XFCE 扩展库, garcon 是基于 Glib 的菜单实现, 由早期的 libxfce4menu 库演变而来。

编译 exo 之前, 需要对 configure 文件做一点修改, 因为在交叉编译时, 无法通过对函数 strftime() 的测试。对于 exo-0.12.8 这个版本的修改方法是: 将 configure 文件中的 14417~14449 行的 `if...fi` 段删除, 只保留下面这样一行:

```
$as_echo "#define HAVE_STRFTIME_EXTENSION 1" >>confdefs.h
```

exo 和 garcon 均按如下方式配置:

```
$ ../configure \
  --host=aarch64-linux \
  --prefix=/usr \
  --sysconfdir=/etc \
  --disable-gtk2 \
  --enable-shared \
  --disable-static \
  ac_cv_func_mmap_fixed_mapped=yes
```

xfce4-settings 使用标准配置过程编译。图 3.13是 XFCE4 的桌面设置管理器外观。

图 3.13   XFCE4 的桌面设置管理器外观

3.5.4　桌面管理器 xfdesktop

桌面管理器 xfdesktop 主要负责处理桌面背景图像/颜色、根菜单、窗口列表和文件图标等事项。xfdesktop 依赖 exo 和 libwnck, 使用标准配置过程编译。同样因为不生成库, 可

移除选项 `--enable-shared` 和 `--disable-static`。

3.5.5　文件管理器 Thunar

文件管理器 Thunar 是 XFCE4 的标准文件管理器。图 3.14是 XFCE4 的文件管理界面。它依赖 exo, 可以选择增加面板工具 xfce4-panel 支持。xfce4-panel 使用标准配置过程编译。Thunar 还可以选择依赖 EXIF (Exchangeable Image file Format, 可交换图像文件格式。这是在数码相机、扫描仪等数字图像设备使用的一种辅助标签格式) 和 PCRE 库。如果这些库没有, 应在设置选项中排除:

```
$ ../configure \
  --host=aarch64-linux \
  --prefix=/usr \
  --sysconfdir=/etc \
  --disable-exif \
  --disable-pcre \
  ac_cv_func_mmap_fixed_mapped=yes
```

图 3.14　XFCE4 的文件管理界面

XFCE4 还包含图标主题 hicolor-icon-theme、xfce4-icon-theme 和窗口管理器主题 xfwm4-themes, 它们不依赖其他软件, 可以单独编译安装, 使用标准配置过程。安装后通过下面的命令使图标生效:

```
# gtk-update-icon-cache -f -t /usr/share/icons/hicolor
```

该命令在 /usr/share/icons/hicolor 目录下创建新的图标缓存文件 icon-theme.cache。

3.5.6　终端仿真器

命令行界面是 Linux 系统的重要工作方式。在图形窗口中, 不同的桌面系统有各自不同的终端仿真器。xterm 则是不依赖于桌面环境, 在各种类 UNIX 操作系统中广泛使用的一种终端仿真器 ——尽管它的功能相对简单一些。

图 3.15 是构建 xterm 时的依赖关系。由于篇幅所限, 更底层的依赖关系没有全部画出。如果不需要多屏支持, 在配置 xterm 时可以加上选项 `--without-xinerama`。简化的编译配置形式如下:

```
$ ../configure \
   --host=aarch64-linux \
   --prefix=/usr \
   --with-Xaw3d
```

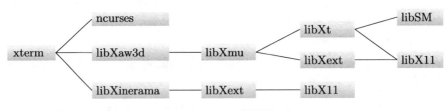

图 3.15　xterm 依赖关系

xterm 软件源如下:

```
xterm 主页: http://invisible-island.net/xterm/xterm.html
xterm 源码: https://invisible-mirror.net/archives/xterm/xterm-333.tgz
```

3.6　X 服务

与 X 服务相关的软件源如下:

```
mtdev 主页: https://bitmath.org/code/mtdev/
mtdev 源码: https://bitmath.org/code/mtdev/mtdev-1.1.5.tar.bz2
libevdev 主页: https://www.freedesktop.org/wiki/Software/libevdev
```

```
libevdev 源码: https://www.freedesktop.org/software/libevdev/libevdev-1.5.7.tar.xz
X 服务和驱动程序源码:
https://www.x.org/archive/individual/xserver/xorg-server-1.20.8.tar.bz2
https://www.x.org/archive/individual/driver/xf86-video-fbdev-0.5.0.tar.bz2
https://www.x.org/archive/individual/driver/xf86-input-evdev-2.10.6.tar.bz2
https://www.x.org/archive/individual/data/xkeyboard-config/xkeyboard-config-2.30.tar.
    ↪ bz2
https://www.x.org/archive/individual/app/xkbcomp-1.4.3.tar.bz2
https://www.x.org/archive/individual/app/setxkbmap-1.3.2.tar.bz2
字体数据:
https://www.x.org/archive/individual/font/font-xfree86-type1-1.0.4.tar.bz2
https://www.x.org/archive/individual/font/font-bitstream-type1-1.0.3.tar.bz2
https://www.x.org/archive/individual/font/font-misc-misc-1.1.2.tar.bz2
```

　　图 3.16 是 xorg 服务器的依赖关系。xorg-server 将提供 X Window 的服务器程序 xorg。
启动 X 服务还需要以下支持:

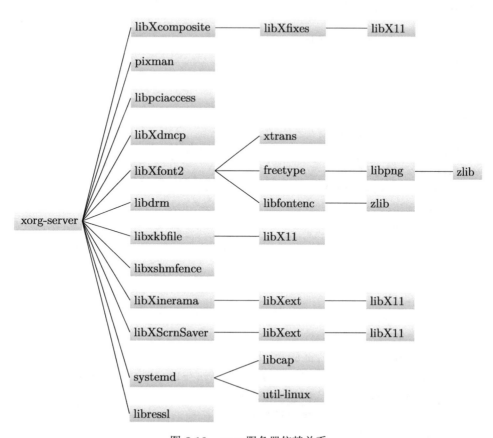

图 3.16　xorg 服务器依赖关系

(1) 输入设备驱动 xf86-input-evdev: 当内核输入设备支持事件接口时 (内核选项 Device → Drivers → Input device support → Event interface), 可以通过它实现键盘、鼠标、触摸板等输入设备的接口工作。它需要多点触控协议库 mtdev 和内核输入事件接口的 API 库 libevdev 支持。

(2) 输出设备驱动 xf86-video-fbdev: 帧缓冲设备 (Frame Buffer) 是 Linux 系统最基本的显示设备。在没有专用显卡的系统中, 这项支持条件是最容易得到满足的。

(3) 键盘数据 xkeyboard-config: 由于它仅有数据, 理论上不存在编译上的依赖关系, 但它提供的键盘映射表给 xkbcomp 使用, 在编译时可以用选项 **--disable-runtime-deps** 禁止依赖关系检查, 否则应先编译出 xkbcomp。

(4) 字体数据: 字体数据无依赖关系。通常可以直接将字体数据文件复制到 /usr/share/fonts 目录下, 不同类型的字体可以在这个目录下分不同的子目录管理。

3.6.1　编译 xorg-server

xorg-server 的配置过程如下:

```
$ ../configure --host=aarch64-linux \
    --prefix=/usr \
    --disable-record \
    --disable-xv \
    --disable-xvmc \
    --disable-xf86vidmode \
    --disable-dga \
    --disable-xf86bigfont \
    --disable-screensaver \
    --disable-xdmcp \
    --disable-xdm-auth-1 \
    --enable-glx \
    --enable-dri \
    --enable-dri2 \
    --enable-dri3 \
    --enable-libdrm \
    --with-log-dir=/var/log \
    --with-fontrootdir=/usr/share/fonts \
    --with-default-font-path=/usr/share/fonts/misc,built-ins \
    --with-module-dir=/usr/lib/xorg/modules \
    --with-xkb-path=/usr/share/X11/xkb \
    --with-xkb-output=/var/cache/xkb
```

以上设置中, /var/log 是日志文件目录, 当 X 不能正常启动时, 可以查阅该目录下的文件 Xorg.0.log; /usr/share/fonts 是字体文件目录, 也是 fontconfig 默认字体文件存放的地方; /usr/share/fonts/misc 目录下是 X 系统使用的 PCF 格式字体, X 系统的应用程序 (如 xterm) 会用到这些字体。当从 PC 复制字体时, 应连同文件 fonts.dir 一同复制到树莓派。/usr/lib/xorg/modules 是 X 系统模块目录, 包括 xorg-server 本身的模块和后面编译的 xf86-input-evdev 和 xf86-video-fbdev 模块。

3.6.2　X 系统其他支持

X 系统还有一些支持软件, 这些软件和 X 服务器之间并不是编译上的依赖关系, 但却是启动 X 服务必不可少的。图 3.17是最主要的一部分。这些软件都可以使用标准配置过程编译。

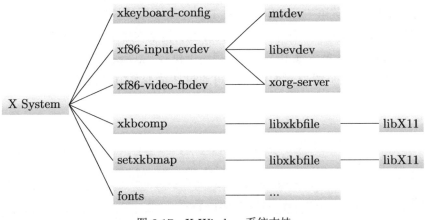

图 3.17　X Window 系统支持

为了丰富系统的字体, 可以直接从 PC 的 /usr/share/fonts 目录中挑选一些字体文件复制到树莓派的 /usr/share/fonts 目录。

3.6.3　启动 XFCE4

基于 GTK 的桌面环境启动前, 需要完成下面的工作:

(1) 使用 fontconfig 库提供的 fc-cache 命令缓存字体。它会根据 /etc/fonts/fonts.conf 的设置在 /var/cache/fontconfig 目录下生成字体缓存信息; fc-list 可以查看字体名称和它们对应的文件。

(2) 创建缓存目录, 使用 gdk-pixbuf 工具生成可加载模块缓存文件:

```
# mkdir -p /usr/lib/gdk-pixbuf-2.0/2.10.0
# gdk-pixbuf-query-loaders >/usr/lib/gdk-pixbuf-2.0/2.10.0/loaders.cache
```

如果没有添加新的字体或者更新图形支持模块, 这些操作只需要做一次, 不需要每次启动都
运行。

一切就绪, 接下来启动 X 服务和 XFCE4 会话:

```
# X &
# export LC_ALL="zh_CN.utf-8"
# export DISPLAY=:0
# xfce4-session
```

此时在图形终端上就可以看到 XFCE4 桌面了 (见图 3.18)。环境变量 `LC_ALL` 用于设置语
言环境。语言环境包括字符集、数字格式、日期格式、货币格式等符号的显示形式。系统
默认的语言环境是美国英语 (en_US)。多数 Linux 桌面系统的中文环境使用 UTF-8 编码。
另外, 运行图形界面的程序, 需要环境变量 `DISPLAY` 指明在哪个 X 服务上启动。启动 X 服
务器时, 默认的显示设备是本地 0 号终端, 相当于执行 "**X -core :0**"。Linux 系统可以同
时运行多个 X 服务, 每个图形界面的程序可通过环境变量 `DISPLAY` 使其运行在不同的终
端上。

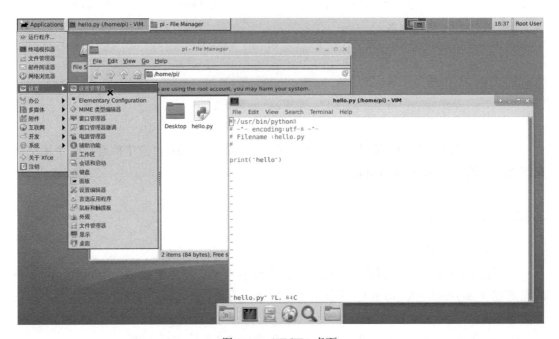

图 3.18　XFCE4 桌面

3.7　本章小结

图形化终端是计算机系统的重要组成部分，大多数使用者都希望以图形化方式操作计算机。图像、字符显示是图形化的基础。本章讨论了一些常用的图形库的移植过程，分析了从点阵字形、矢量字形到文字布局相关库的情况。

在嵌入式系统中，存储器和 CPU 资源都会受到一定的限制，而展示图形又是一项比较消耗资源的任务。本章选择一个轻量级的桌面环境 XFCE4 进行移植。XFCE4 依赖 GTK，而 GTK 也是通用计算机系统的一套基础图形工具库。本章详细介绍了构建桌面环境的软件层次和依赖关系。

第 4 章
Linux应用软件

建立了桌面系统, 借助开源社区丰富的软件资源, 可以通过移植一些有用的软件丰富自己的 Linux。

一般而言, 计算机软件被分为系统软件和应用软件两大类, 但它们之间的界线并不明显。对于一个桌面操作系统来说, 通常把整个桌面环境都视为系统软件。从嵌入式系统角度看, 面向应用的部分被归入应用软件。本章从实用性出发, 选取了几个相对简单且常用的软件, 介绍它们的移植方法。安装了这些软件, 使用树莓派更得心应手。

4.1 远程桌面

基于成功移植的 XFCE4 桌面环境, 以图形界面方式使用树莓派有下面几种方法:

(1) 添置一套输入/输出设备, 包括键盘、鼠标、显示器等。将显示器连接到 HDMI 接口, 键盘、鼠标通过 USB 连接。这是标准的计算机配置方案, 增加的成本已经超过了树莓派本身, 对于嵌入式应用来说显得有点铺张。

(2) 利用网络协议, 将图形界面延伸到远程, 利用 PC 的显示设备, 在不增加任何硬件的前提下, 通过远程桌面协议访问树莓派的桌面系统。

计算机系统有多个远程桌面协议, 较常用的有 RDP(Remote Desktop Protocol, 远程桌面协议) 和 VNC (Virtual Network Computing, 虚拟网络计算)。前者由微软开发, 大部分 Windows 操作系统都支持此协议; 后者由剑桥的 Olivetti & Oracle 研究实验室开发, 遵循 GPL 开源版权协议。

4.1.1 移植 VNC

VNC 是一种使用 RFB (Remote Frame Buffer, 远程帧缓冲) 协议的显示屏画面分享及远程操作软件。VNC 系统由服务器、客户机及协议组成。服务器展示其图形化界面, 提供计算机系统之间图形化方式的桌面共享。

　　VNC 软件源如下:

```
x11vnc 主页: http://www.karlrunge.com/x11vnc
x11vnc 源码: http://x11vnc.sourceforge.net/dev/x11vnc-0.9.14-dev.tar.gz
```

　　本书构建的 VNC 服务器使用 x11vnc-0.9.14。x11vnc 通过压缩算法库 zlib、JPEG 图形库支持以提高图像传输效率, 网络安全算法通过 OpenSSL/LibreSSL 支持, 或 GLibc 的 libcrypt 库支持。它还可以依赖 FFmpeg 库支持视频传输。没有 X 系统时, 也可以通过选项 --with-fbdev 直接支持帧缓冲设备 Frame Buffer。如果选择 LibreSSL 支持 (x11vnc 默认的选项是依赖 OpenSSL/LibreSSL), 应将 x11vnc/enc.h 文件中的第 457~458 行对函数 EVP_sha() 调用的语句删除, 因为在 2.5.1 节移植的 LibreSSL-2.7.2 版本中没有实现这个函数。

　　另建目录编译 x11vnc 时会出现一些头文件目录引用错误。为避免这个问题, 建议直接在源码解压目录下编译。下面的配置过程列出了基本的选项, 一些选项之间是互相排斥的, 移植时应根据实际需要取舍。

```
$ ./configure \
    --host=aarch64-linux-gnu \
    --prefix=/usr \
    --with-fbdev \                       # 支持帧缓冲设备
    --without-ssl \                      # 不依赖 SSL 库
    --with-ssl=/home/deve/target/usr \   # 依赖的 SSL 库路径
    --with-crypt \                       # 依赖 libcrypt
    --without-jpeg \                     # 不依赖 JPEG 库
    --with-jpeg=/home/deve/target/usr \  # 依赖的 JPEG 库路径
    --without-zlib \                     # 不依赖 zlib 库
    --with-zlib=/home/deve/target/usr    # 依赖的 zlib 库路径
```

　　在树莓派的 X Window 系统中启动 VNC 服务可通过下面的命令:

```
# x11vnc -display :0 -passwd [password] -forever -shared >/dev/null &
```

　　如果没有 X Window 系统支持, x11vnc 可以直接通过帧缓冲设备 Frame Buffer 建立服务。下面的命令启动基于帧缓冲设备的 VNC 服务:

```
# x11vnc -rawfb /dev/fb0 -forever -shared >/dev/null &
```

选项 -forever 表示可以接收多次/多个 VNC 客户请求 (默认只接收一次客户端访问), -shared 允许多客户端共享。

服务器默认监听 5900 端口。PC 端通过 vncviewer软件连接 VNC服务。如果服务器端
启动 x11vnc 时用选项-passwd 设置了密码, 客户端会被要求认证, 例如:

```
$ vncviewer 192.168.2.100
Performing standard VNC authentication
Password:
```

认证通过后就可以在本地展现服务器的图形界面了。

远程登录使用树莓派的图形界面, 除了少数快捷键的功能会出现冲突以外, 与本地使用
的差别不大。图 4.1是 PC 桌面上通过 VNC 连接树莓派 XFCE4 图形界面的场景。

图 4.1　PC 桌面显示的 VNC 界面 (TightVNC 窗口)

4.1.2　中文化

Linux 操作系统对多语言的支持主要是通过应用软件自身的文字转换实现的, 内核仅
在文件系统层实现字符转换。开发人员为应用软件中出现的文字制作了一个不同语种的对
照表, 它们通常存放在 /usr/share/locale/ 目录下。操作系统根据语言设置的一组环境变量
LC_* 将相应文件中的信息提取出来, 用于桌面显示。

编译本地化编码的脚本见程序清单 4.1, 其中的可执行程序 localedef 和语言编码文件
(/usr/share/i18n/目录 ①下的文件) 均来自 GLibc。需要编译的中文化编码列表放在另一个
文件/etc/locale.gen 中 (程序清单 4.2), 该文件列出了需要编译的本地化编码。

────────────────────

① 目录名称 i18n 来自英语单词 internationalization, 首尾两个字母是 "i" 和 "n", 中间有 18 个字母。

程序清单 4.1　　本地化文件编译脚本 locale-gen

```
1  #!/bin/sh
2
3  set -e
4
5  LOCALEGEN=/etc/locale.gen
6  LOCALES=/usr/share/i18n/locales
7  USER_LOCALES=/usr/local/share/i18n/locales
8  if [ -n "$POSIXLY_CORRECT" ]; then
9    unset POSIXLY_CORRECT
10 fi
11
12 [ -f $LOCALEGEN ] || exit 0;
13 [ -s $LOCALEGEN ] || exit 0;
14
15 KEEP=
16 if [ "$1" = "--keep-existing" ]; then
17   KEEP=1
18 fi
19
20 if [ -z "$KEEP" ]; then
21   # 删除旧的目录和文件
22   rm -rf /usr/lib/locale/locale-archive || true
23 fi
24
25 umask 022
26
27 is_entry_ok() {
28   if [ -n "$locale" -a -n "$charset" ] ; then
29     true
30   else
31     echo "error: Bad entry '$locale $charset'"
32     false
33   fi
34 }
35
36 echo "Generating locales (this might take a while)..."
37 while read locale charset; do \
38     case $locale in \#*) continue;; "") continue;; esac; \
39   is_entry_ok || continue
```

```
40    if [ "$KEEP" ] && PERL_BADLANG=0 perl -MPOSIX -e \
41      'exit 1 unless setlocale(LC_ALL, $ARGV[0])' "$locale"; then
42      continue
43    fi
44    echo -n " `echo $locale | sed 's/\([^.\@]*\).*/\1/'`"; \
45    echo -n ".$charset"; \
46    echo -n `echo $locale | sed 's/\([^\@]*\)\(\@.*\)*/\2/'`; \
47    echo -n '...'; \
48    if [ -f $USER_LOCALES/$locale ] ; then
49      input=$USER_LOCALES/$locale
50    elif [ -f $LOCALES/$locale ]; then
51      input=$locale
52    else
53      input=`echo $locale | sed 's/\([^.]*\)[^@]*\(.*\)/\1\2/'`
54      if [ -f $USER_LOCALES/$input ]; then
55        input=$USER_LOCALES/$input
56      fi
57    fi
58    localedef -i $input -c -f $charset \
59        -A /usr/share/locale/locale.alias $locale || :; \
60    echo ' done'; \
61 done < $LOCALEGEN
62 echo "Generation complete."
```

程序清单 4.2　中文化编码列表 /etc/locale.gen

```
1  # 此文件列出需要编译的本地化编码
2  # 规范的编码格式名称可在文件 /usr/share/i18n/SUPPORTED 中查阅
3  # 此文件修改后，应重新运行 locale-gen.
4
5  # en_US ISO-8859-1
6  # en_US.ISO-8859-15 ISO-8859-15
7  en_US.UTF-8 UTF-8
8  # zh_CN GB2312
9  zh_CN.GB18030 GB18030
10 # zh_CN.GBK GBK
11 zh_CN.UTF-8 UTF-8
```

编译命令：

```
# sh locale-gen
```

编译完成后, 用下面的命令设置语言环境, 重新启动 XFCE4 桌面, 看到的就是中文界面了:

```
# export LC_ALL="zh_CN.UTF-8"
# xfce4-session
```

4.2　媒体播放器

有多款媒体播放器支持 Linux 桌面系统, 比较常用的有 totem 和 vlc 等。这里移植的是 mpv, 它基于 FFmpeg [1]的解码功能, 依赖关系相对比较简单 [2](见图 4.2, 限于篇幅, 重复的依赖关系没有全部画出)。

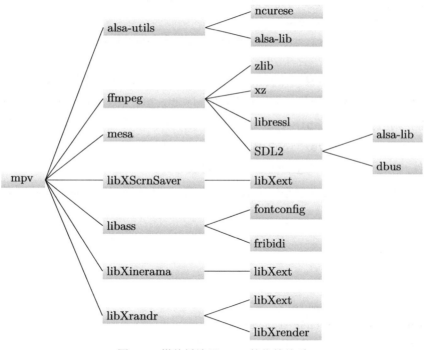

图 4.2　媒体播放器 mpv 的依赖关系

4.2.1　音、视频编码与解码

FFmpeg 是一个处理多媒体数据 (音频、视频) 库的集合, 它包含对音、视频的录制、

---

[1] mpeg 是 "运动图像专家组" 的英文缩写, 它是一种运动图像编码标准; FF 表示 Fast Forward (快进)。

[2] 实际上, 还有一款依赖关系更简单的媒体播放器MPlayer, 内置FFmpeg。详情访问MPlayer主页 http://www.mplayerhq.hu。

转换、输出以及音视频流处理的完整解决方案。项目基于 MPEG (Moving Picture Experts Group, 运动图像专家组) 视频编码标准, 原是为 Linux 平台开发的, 但由于它采用自由软件版权协议发布, 同样也可以在其他操作系统环境中编译运行。

FFmpeg 的主要目的是提供一组库文件, 为其他应用程序提供函数调用接口, 但它同时也附带生成媒体测试工具 FFprobe 和转码工具 FFmpeg。前者用于打印多媒体文件信息, 后者可以完成多媒体文件的剪辑、混合、转码等工作, 是 Linux 系统中强大的媒体处理工具。如果有 SDL2 (SDL 为 Simple DirectMedia Library 的缩写, 也称简单直接媒体库) 的支持, 还可以生成一个简单的媒体播放工具 ffplay。

与 FFmpeg 相关的软件源如下:

```
SDL 主页: https://www.libsdl.org
SDL2 源码: https://www.libsdl.org/release/SDL2-2.0.5.tar.gz
ffmpeg 主页: https://ffmpeg.org
ffmpeg 源码: https://ffmpeg.org/releases/ffmpeg-4.2.3.tar.bz2
```

FFmpeg 的版权协议构成比较复杂, 既有 GPL 也有 LGPL。不满足版权协议的代码不会被编译, 也不会被链接。例如, 希望通过 GPL 库 libx264/libx265 支持 H.264/H.265 编码与解码功能, 则应指定--enable-gpl 选项; 出于某种原因, 希望选择 GPLv3/LGPLv3 版权协议的, 应指定--enable-version3 选项; FFmpeg 通过选项--enable-nonfree 允许链接非自由软件, 但这样编译的二进制代码不可以再发布。

ffmpeg-4.2.3 版本的编译器指定方式比较特殊, 和其他库略有不同。下面是简化的配置命令:

```
$ ../configure \
    --prefix=/usr \
    --arch=aarch64 \
    --enable-cross-compile \
    --cross-prefix=aarch64-linux- \
    --target-os="linux" \
    --host-cc=gcc \
    --pkg-config=/usr/bin/pkg-config \
    --disable-static \
    --enable-shared \
    --enable-gpl \
    --enable-nonfree \
    --enable-openssl
```

4.2.2　音频子系统

1. ALSA

早期的 Linux 操作系统采用 OSS (Open Sound System, 开放声音系统) 音频构架, 现已较少使用, 只是在内核中作为一个后向兼容的选项而保留。目前内核音频系统构架名为 ALSA (Advance Linux Sound Architecture, 高级 Linux 声音构架)。对于已驱动的音频设备, 系统会在/dev/snd/ 目录下建立对应的设备文件, 例如:

```
# ls -l /dev/snd/
总用量 0
total 0
drwxr-xr-x   2 root    root            60 Jan   1   2020 by-path
crw-------   1 root    root     116,    0 Jan   1   2020 controlC0
crw-------   1 root    root     116,   32 Jan   1   2020 controlC1
crw-------   1 root    root     116,   64 Jan   1   2020 controlC2
crw-------   1 root    root     116,   16 Jan   1   2020 pcmC0D0p
crw-------   1 root    root     116,   17 Jan   1   2020 pcmC0D1p
crw-------   1 root    root     116,   18 Jan   1   2020 pcmC0D2p
crw-------   1 root    root     116,   48 Jan   1   2020 pcmC1D0p
crw-------   1 root    root     116,   80 Jan   1   2020 pcmC2D0p
crw-rw----   1 root    audio    116,   33 Jan   1   2020 timer
```

以 pcm (Pulse Code Modulation, 脉冲编码调制, 音频编码的一种) 开头的设备文件对应音频数据输入/输出, 结尾的字母 p 表示回放 (Playback), c 表示获取 (Capture)。由于树莓派没有录音通道, 所以不存在以 c 结尾的 ALSA 设备。C0 表示 Card 0 (第一块声卡), D1 表示 Device 1 (卡上的第 1 号设备)。直接操作这些文件比较复杂, ALSA 库 alsa-lib 为应用程序提供了一组 API。alsa-lib 不依赖其他软件, 可以使用标准配置过程编译。

与 alsa 库相关的软件源如下:

```
ALSA 主页: https://www.alsa-project.org/wiki/Main_Page
alsa-lib 源码: https://www.alsa-project.org/files/pub/lib/alsa-lib-1.2.3.1.tar.bz2
alsa-utils 源码: https://www.alsa-project.org/files/pub/utils/alsa-utils-1.2.3.tar.
    ↪ bz2
```

2. ALSA 接口

程序清单 4.3是基于 alsa-lib 调用产生双通道音频输出的简单示例。程序用函数snd_pcm_open() 打开命令行第一个参数指定的设备 (如 "plughw:1,0"), 如果命令行不指定, 则打开默认设备 "default"; 一组**snd_pcm_hw_params_set_*()**函数设置音频格式; **snd_pcm_writei()** 将数据送入设备缓冲区, 重复播放 16 次 (约持续 8 秒)。 出于简化的目的, 程序使用了相对粗暴的方法, 例如有的采样频率取值是不能被声卡直接接收的, 需要根据函数返回值重新设定, 并在应用程序中调整参数; 此外程序中也省去了函数调用的出错处理。

程序清单 4.3　简单的音频输出程序 mini_pcm.c

```
1  /*
2   * Filename: mini_pcm.c
3   *    基于 alsa 库的音频输出小程序
4   *    编译命令:
5   *    gcc -o mini_pcm mini_pcm.c -lasound
6   */
7  #include <alsa/asoundlib.h>
8  #include <math.h>
9
10 #define FS        48000               /* 采样率 */
11
12 int main (int argc, char *argv[])
13 {
14     unsigned int i;
15     short buffer[FS];
16     snd_pcm_t *handle;
17     snd_pcm_sframes_t frames;
18     snd_pcm_hw_params_t *hwparams;
19     char *device = "default";         /* 默认设备 */
20     int err;
21
22     if (argc > 1) {
23         err = snd_pcm_open(&handle, argv[1], SND_PCM_STREAM_PLAYBACK, 0);
24     } else {
25         err = snd_pcm_open(&handle, device, SND_PCM_STREAM_PLAYBACK, 0);
26     }
27     if (err < 0) {
28         perror("Device Open.");
29         return -1;
30     }
31
32     /* 构造双通道数据: 100Hz, 200Hz.
33      * 由于设置了 SND_PCM_ACCESS_RW_INTERLEAVED,
```

```
34        * 缓冲区数据左右通道间隔存放，
35        * 使用snd_pcm_readi()、snd_pcm_writei()读写.
36        * 非间隔存放的数据 (SND_PCM_ACCESS_RW_NONINTERLEAVED),
37        * 应使用snd_pcm_readn()、snd_pcm_writen()读写.
38        */
39       for (i = 0; i < FS; i += 2) {
40           buffer[i  ] = 32767 * sin(2*M_PI*100*i/FS);
41           buffer[i+1] = 32767 * sin(2*M_PI*200*i/FS);
42       }
43
44       snd_pcm_hw_params_alloca(&hwparams);
45       snd_pcm_hw_params_any(handle, hwparams);
46
47       snd_pcm_hw_params_set_format(handle, hwparams,
48                       SND_PCM_FORMAT_S16_LE);
49       snd_pcm_hw_params_set_access(handle, hwparams,
50                       SND_PCM_ACCESS_RW_INTERLEAVED);
51       snd_pcm_hw_params_set_channels(handle, hwparams, 2);
52       snd_pcm_hw_params_set_rate(handle, hwparams, FS, 0);
53       snd_pcm_hw_params_set_rate_resample(handle, hwparams, 1);
54       snd_pcm_hw_params_set_buffer_time(handle, hwparams, 50000, 0);
55       snd_pcm_hw_params(handle, hwparams);
56
57       /* 以上参数也可以通过下面的函数一次性设置:
58       snd_pcm_set_params(handle,
59               SND_PCM_FORMAT_S16_LE,           // 数据格式
60               SND_PCM_ACCESS_RW_INTERLEAVED,   // 数据存取方式
61               2,                               // 双通道
62               FS,                              // 采样率
63               1,                               // 允许重采样
64               50000                            // 缓冲延迟(us)
65           );
66       */
67
68       for (i = 0; i < 16; i++) {
69           frames = snd_pcm_writei(handle, buffer, FS/2);
70           if (frames < 0)
71               frames = snd_pcm_recover(handle, frames, 0);
72           if (frames < 0) {
```

```
73                 printf("snd_pcm_writei failed: %s\n", snd_strerror(frames));
74                 break;
75             }
76         }
77
78     snd_pcm_hw_params_free(hwparams);
79
80     snd_pcm_close(handle);
81     return 0;
82 }
```

alsa-utils 是 ALSA 系统的用户层音频设备控制工具, 编译后可以产生命令行混音器控制程序 amixer、音频文件播放 aplay 和录音程序 arecord, 在有 ncurses 库支持时还可以生成字符控制界面的混音器控制程序 alsamixer。为此, 其配置选项可做如下设置:

```
$ ../configure \
    --host=aarch64-linux \
    --prefix=/usr \
    --disable-alsaconf \
    --disable-alsaloop \
    --with-curses=ncurses
```

树莓派 3B 有两套音频输出系统: 一套通过 3.5mm 耳机插口输出, 另一套通过 HDMI 输出 (树莓派 4B 有两个 HDMI。如果被激活, 会各自生成一组设备文件。), Linux 内核启动时会根据启动参数 snd_bcm2835 激活对应的设备。通常这些启动参数会写在设备树文件中, 也可以写在 BOOT 分区的 cmdline.txt 文件中, 向内核传递启用或停用命令。在 cmdline.txt 中添加的内容如下 (启用为 1, 停用为 0):

```
snd_bcm2835.enable_compat_alsa=1 \
snd_bcm2835.enable_hdmi=1 \
snd_bcm2835.enable_headphones=1
```

Linux 系统启动后, 下面的命令可以查看 ALSA 控制参数:

```
# amixer controls
numid=3,iface=MIXER,name='PCM Playback Route'
numid=2,iface=MIXER,name='PCM Playback Switch'
numid=1,iface=MIXER,name='PCM Playback Volume'
numid=5,iface=PCM,name='IEC958 Playback Con Mask'
numid=4,iface=PCM,name='IEC958 Playback Default'
```

numid=1 为输出音量设置, numid=2 为开关设置, numid=3 为声音输出通路设置。下面的命令设置默认方式下不同的声音输出通道:

```
# amixer cset numid=3 1          # 耳机输出
# amixer cset numid=3 2          # HDMI声音输出
# amixer cset numid=3 0          # 耳机和HDMI同时输出
```

下面的命令将左右通道的音量调整到 80%:

```
# amixer cset numid=1 80%,80%
```

alsa-utils 还带有一个简单的播放和录音程序 aplay/arecord (arecord 是 aplay 的符号链接), 它可以处理 PCM 裸数据或 WAV 格式的音频文件。选项-1 列出可用设备, 例如:

```
# aplay -l
**** List of PLAYBACK Hardware Devices ****
card 0: ALSA [bcm2835 ALSA], device 0: bcm2835 ALSA [bcm2835 ALSA]
  Subdevices: 3/3
  Subdevice #0: subdevice #0
  Subdevice #1: subdevice #1
  Subdevice #2: subdevice #2
card 0: ALSA [bcm2835 ALSA], device 1: bcm2835 IEC958/HDMI [bcm2835 IEC958/HDMI]
  Subdevices: 1/1
  Subdevice #0: subdevice #0
card 0: ALSA [bcm2835 ALSA], device 2: bcm2835 IEC958/HDMI1 [bcm2835 IEC958/HDMI1]
  Subdevices: 1/1
  Subdevice #0: subdevice #0
card 1: b1 [bcm2835 HDMI 1], device 0: bcm2835 HDMI 1 [bcm2835 HDMI 1]
  Subdevices: 2/2
  Subdevice #0: subdevice #0
  Subdevice #1: subdevice #1
card 2: Headphones [bcm2835 Headphones], device 0: bcm2835 Headphones [bcm2835
  ↪ Headphones]
  Subdevices: 2/2
  Subdevice #0: subdevice #0
  Subdevice #1: subdevice #1
```

上面显示 Card 2 是耳机。使用 aplay 通过耳机播放一个 WAV 格式的文件命令如下:

```
# aplay -D plughw:2,0 sample.wav
```

4.2.3　播放器 mpv

mpv 依赖 FFmpeg 的音视频数字处理功能、音频控制库 alsa-lib 以及 mesa 的音频和图形输出功能。如果 GPU 支持, mesa 还起到硬件加速的功能。mpv 并不依赖 alsa-utils, 图 4.2做了合并的简化处理。

与 mpv 相关的软件源如下:

```
libass 主页: https://github.com/libass/libass/wiki
libass 源码: https://github.com/libass/libass/releases/download/0.14.0/libass-0.14.0.
   ↪ tar.xz
mpv 主页: https://mpv.io
mpv 源码: https://github.com/mpv-player/mpv/archive/v0.33.0.tar.gz
```

libass 是一款字幕工具, 用于播放器的字幕显示, 它依赖 FreeType 和 Fontconfig 显示字形, 依赖 FriBidi 的双向文字排版, 有选择地依赖 HarfBuzz。编译 libass 可使用标准配置过程, 也可在配置选项中添加--disable-harfbuzz。

mpv 使用一个较特殊的工具 waf编译器 (主页 https://waf.io)。据 waf开发者称, 软件名称 waf是当时顺手输入的名字, 没有特殊含义。编译 mpv 需要先下载 waf, 下载工具已包含在 mpv 源码中, 执行 "bootstrap.py" 即可完成。交叉编译时还需要设置一些环境变量。编译和安装命令须在源码主目录下操作 (mpv 不支持另建目录编译, waf会主动创建一个工作目录), 配置、编译、安装的过程如下:

```
$ ./bootstrap.py
$ export CC=aarch64-linux-gcc
$ ./waf configure \
   --prefix=/usr \
   --enable-x11 \
   --enable-gl \
   --disable-wayland \
   --disable-android \
   --disable-vdpau \
   --disable-lcms2 \
   --disable-sdl2 \
   --disable-lua
$ ./waf build
$ DESTDIR=./pkg_install ./waf install
```

mpv 常以命名行方式操作, 将播放对象作为命令行的参数。播放对象可以是本地文件, 也可以是网络流媒体 URL。桌面系统上可以通过下面的方式启动图形界面, 并使用拖动方

式将需要播放的文件拖进窗口:

```
$ mpv --player-operation-mode=pseudo-gui &
```

按此过程移植的播放器, 播放音频文件问题不大。但由于没有充分发挥 GPU 的功效, 高清视频播放的效果并不好。

4.3　文档阅读工具

evince 是目前 Linux 系统中最常用的文档工具, 主要用于 PDF、PS 和多页 TIFF 格式的文档阅读。evince 依赖 GTK3、PDF 库 poppler、XML 解析库 libXML2、安全服务 libsecret、GTK 拼写检查接口 gspell 和 GNOME 的图标主题 adwaita-icon-theme (见图 4.3)。

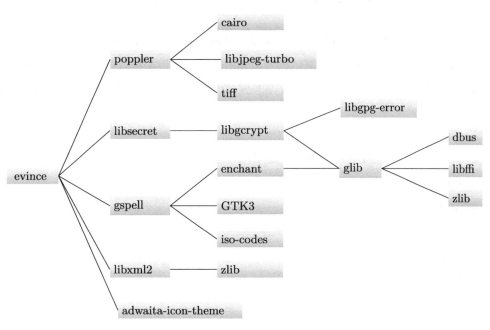

图 4.3　文档阅读工具 evince 的依赖关系

4.3.1　Poppler

freedesktop.org 项目开发的 Poppler 库用于渲染 PDF (Portable Document Format, 可移植文档格式) 格式文档, 主要用在 GNOME 或 KDE 桌面环境中阅读 PDF 文件。最早由 Kristian Høgsberg 在 xpdf-3.0 基础上开发 [1]。在 2011 年发布的 0.18 版本已全部实现

---

[1] xpdf 是为 X Window 系统开发的 PDF 文档阅读器。

了 PDF 格式标准 ISO 32000-1, 采用 GPLv2/GPLv3 版权协议发布。软件得名于美国喜剧动画系列片《Futurama》(中译名《飞出个未来》) 中的一集标题 "Popplers 的问题"。

Poppler 依赖 cairo、JPEG 和 TIFF 库, 选择性依赖 lcms2 (Little Color Management System, 小型色彩管理系统) 和 OpenJPEG 库。OpenJPEG 是另一个 JPEG-2000 编解码的开源库, 由比利时鲁汶天主教大学的一个开发组开发。

与 Poppler 相关的软件源如下:

```
lcms2 主页: http://www.littlecms.com
lcms2 源码: https://github.com/mm2/Little-CMS/archive/2.11.tar.gz
openjpeg 主页: https://www.openjpeg.org
openjpeg 源码: https://github.com/uclouvain/openjpeg/archive/v2.3.1.tar.gz
poppler 主页: https://poppler.freedesktop.org
poppler 源码: https://poppler.freedesktop.org/poppler-0.59.0.tar.xz
```

编译 poppler 使用标准配置过程, 有关 lcms2 和 OpenJPEG 的取舍, 由选项 --enable-cms 和--enable-libopenjpeg 指定, 默认的是auto, 配置过程自动检查依赖条件是否满足。

Poppler 编译后生成库和一组命令, 这些命令用于 PDF 文件格式的处理。它们可以完成下面的工作:

(1) pdfdetach: 从 PDF 文件中提取嵌入文档。

(2) pdfimages: 从 PDF 中提取嵌入的图像。

(3) pdfseparate: 将 PDF 分成单页。

(4) pdfunite: 多个 PDF 合并。

(5) pdffonts: 打印 PDF 中使用的字体。

(6) pdfinfo: 打印 PDF 文件信息。

(7) pdftocairo: 用 cairo 将单页 PDF 转换成矢量图或位图。

(8) pdftoppm: 转换成 PPM 位图。

(9) pdftops: 将 PDF 格式文件转换成可打印的 PS 格式。

(10) pdftotext: 从 PDF 中抽取文本。

(11) pdftohtml: 把 PDF 转换成 HTML 格式文档。

4.3.2　libsecret

libsecret 提供访问密码、令牌等安全服务的 API, 避免用户调用低级 DBus 的方法。它依赖加密算法库 libgcrypt 和 libgpg-error。

与 libsecret 相关的软件源如下：

```
libgpg-error/libgcrypt 主页: https://www.gnupg.org
libgpg-error 源码: https://www.gnupg.org/ftp/gcrypt/libgpg-error/libgpg-error-1.40.
   ↪ tar.bz2
libgcrypt 源码: https://www.gnupg.org/ftp/gcrypt/libgcrypt/libgcrypt-1.8.6.tar.bz2
libsecret 主页: https://specifications.freedesktop.org/secret-service
libsecret 源码: https://ftp.gnome.org/pub/GNOME/sources/libsecret/0.20/libsecret
   ↪ -0.20.1.tar.xz
```

libgpg-error 使用标准配置过程编译。libgcrypt 不能自动找到 libgpg-error，需要通过配置选项指定；同样 libsecret 也需要通过选项指定 libgcrypt 路径。libgcrypt 配置过程如下：

```
$ ../configure \
   --host=aarch64-linux- \
   --prefix=/usr \
   --with-libgpg-error-prefix=/home/devel/target/usr
   --enable-shared \
   --disable-static
```

libsecret 配置过程如下：

```
$ ../configure \
   --host=aarch64-linux- \
   --prefix=/usr \
   --disable-manpages \
   --with-libgcrypt-prefix=/home/devel/target/usr
   --enable-shared \
   --disable-static
```

4.3.3　libXML2

libXML2 是另一个 XML解析工具，evince 依赖 libXML2 而不是 Expat 解析 XML，因此需要专门编译 libXML2，按下面的方式配置：

```
$ ../configure \
   --host=aarch64-linux- \
   --prefix=/usr \
   --enable-shared \
   --disable-static \
   --without-python
```

4.3.4　gspell

　　gspell 是为 GTK 应用提供拼写检查的 API 接口, 它依赖拼写检查库 enchant 和 ISO 语言文字编码标准 iso-codes。gspell 用于 Linux 的集成开发环境 Builder、文本编辑器 GEdit、软件管理中心 Software Center、GNOME、LaTeX 编辑器等软件。

```
enchant 主页: https://abiword.github.io/enchant
enchant 源码: https://github.com/AbiWord/enchant/archive/v2.2.8.tar.gz
iso-codes 主页: http://pkg-isocodes.alioth.debian.org
iso-codes 源码: http://pkg-isocodes.alioth.debian.org/downloads/iso-codes-3.46.tar.xz
gspell 主页: https://wiki.gnome.org/Projects/gspell
gspell 源码: https://ftp.gnome.org/pub/GNOME/sources/gspell/1.8/gspell-1.8.3.tar.xz
```

　　从 github 下载的 enchant 需要先运行主目录的**bootstrap**命令, 然后再执行 configure 的缺省配置。iso-codes 和 gspell 均可按标准配置过程编译。

　　evince 依赖图标主题 adwaita-icon-theme。adwaita-icon-theme 使用标准配置过程编译。图标库本身不产生 evince 所需的代码, 只是在配置 evince 时会检查这个软件包是否已安装。

```
图标主题源码: http://ftp.acc.umu.se/pub/GNOME/sources/adwaita-icon-theme/3.34/adwaita-
    ↪ icon-theme-3.34.3.tar.xz
evince 主页: https://wiki.gnome.org/Apps/Evince
evince 源码: https://ftp.gnome.org/pub/GNOME/sources/evince/3.34/evince-3.34.2.tar.xz
```

　　配置 evince 会检查 GNOME 文件管理工具 nautilus, 为避免对它的依赖, 在标准配置项的基础上增加一项 --disable-nautilus, 配置命令如下:

```
$ ../configure \
  --host=aarch64-linux- \
  --prefix=/usr \
  --disable-nautilus
```

4.4　网络视频监控

　　网络视频监控程序 motion 通过建立 HTTP 服务, 可以让客户端随时查看摄像头监控的内容。它主要依赖数据库软件 SQLite、音视频编解码库 FFmpeg、JPEG 图像库 libjpeg-turbo 和微型 HTTP 服务器 libmicrohttpd。这组依赖关系见图 4.4。

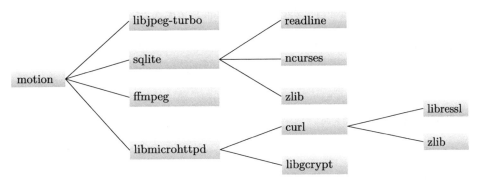

图 4.4　视频监控程序 motion 的依赖关系

与 motion 相关的软件源如下:

```
libmicrohttpd 主页: http://www.gnu.org/software/libmicrohttpd
libmicrohttpd 源码: http://ftpmirror.gnu.org/libmicrohttpd/libmicrohttpd-0.9.64.tar.
    ↪ gz
motion 主页: https://motion-project.github.io
motion 源码: https://github.com/Motion-Project/motion/archive/4.3.tar.gz
```

libmicrohttpd 使用标准配置过程; motion 配置时指定 SQLite 数据库, 具体配置命令如下:

```
$ ../configure \
    --host=aarch64-linux- \
    --prefix=/usr \
    --sysconfdir=/etc \
    --without-mysql \
    --with-sqlite
```

motion 编译后会生成一个服务程序 motion, 可以通过在命令行上设置一系列的参数启动它。但由于需要设置的参数比较多, 一般会将这些参数写进一个配置文件中。默认的配置文件在用户主目录下: ~/.motion/motion.conf 文件, 或在系统目录下: /etc/motion/motion.conf 文件, 源码中有它的模板。程序清单 4.4是其中比较重要的项目。为明确起见, 最好在启动服务时通过选项 "-c" 指定配置文件, 例如:

```
# motion -c /etc/motion/motion.conf
```

程序清单 4.4   部分 motion 服务配置文件

```
1  ...
2  # 以守护进程方式启动
3  daemon on
4
5  # 摄像头设备文件
6  videodevice /dev/video0
7
8  # 控制端口
9  webcontrol_port 8080
10
11 # 限制本地控制
12 webcontrol_localhost off
13
14 # 监控端口
15 stream_port 8081
16
17 # 限制本地监控
18 stream_localhost off
19
20 ###################################################
21 # 多摄像头配置，每个文件对应一个摄像头（分号是注释） #
22 ###################################################
23 ; camera /etc/motion/camera1.conf
24 ; camera /etc/motion/camera2.conf
25 ; camera /etc/motion/camera3.conf
26 ; camera /etc/motion/camera4.conf
27 ...
```

    Linux 内核针对树莓派 CSI 接口的摄像头驱动选项在 Device Drivers → Staging drivers → Broadcom VideoCore support → BCM2835 Camera 中，如果是 USB 摄像头，内核配置选项在 Device Drivers → Multimedia support → Media USB Adapters 中，选择对应设备型号的驱动。如果是以模块方式编译的驱动，还应在系统启动后手工加载对应的驱动程序。驱动程序在 /lib/modules/5.4.35-v8+/kernel/drivers/media/usb (数字部分取决于内核版本)。当驱动程序生效时，可以在/dev 目录下发现 video0 或 video1 这样的设备文件。该设备文件对应的设备由 motion 服务配置文件中的 videodevice 项指定。

    当允许通过网络访问树莓派时，树莓派就成了一个远程监控器，可以直接使用网络浏览器 (如 FireFox、Chrome 等) 访问树莓派的 8080 和 8081 端口。8080 端口用于控制摄像头的工作，8081 端口是监控端口 (见图 4.5)。

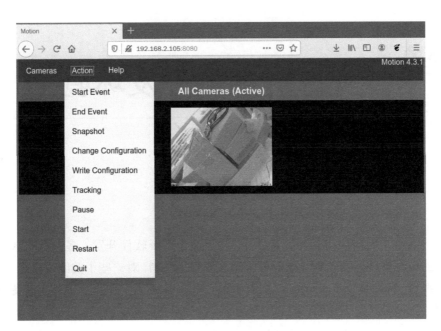

图 4.5　motion 服务控制界面

4.5　本章小结

　　为了让树莓派使用更加方便, 本章介绍了几款有用的软件: VNC 允许桌面计算机以图形化方式访问树莓派的桌面; 音、视频编码与解码库以及播放器使树莓派具有一定的娱乐性; PDF 阅读器可以让树莓派成为一个便携式文档演示器; 而移植一个远程监控仪也并不复杂。有兴趣的读者可以根据掌握的技能, 为树莓派增添更多的功能。

第 5 章　板载开发环境

嵌入式系统是面向应用的计算机系统, 并不适合用于软件开发。多数嵌入式系统甚至没有足够的资源安装开发工具。然而树莓派性能相当不错, 对一些小的应用程序, 直接在板上编写、编译, 特别是有了 Python 这样的编程工具, 比通过交叉编译后再上传更方便。本章介绍树莓派核心开发工具的移植。

5.1　编译器

我们通常所说的 "C 语言编译器", 在 Linux 系统上主要由以下三个软件包组成:

(1) glibc: C 语言标准库 (GNU C Library, 或称 GLibc)。

(2) binutils: 二进制处理工具, 包括汇编器、链接器、代码转换与分析工具等。

(3) gcc: 编译器集合, 可以支持 C、C++、Objective-C、Java、FORTRAN、GO 等多种编程语言, 但大多数情况下只用到 C 和 C++ 的编译功能。

编译工具链还包含 C/C++ 的头文件, 它们有三个来源: 标准 C 语言的头文件来自 GLibc、C++ 的头文件来自 gcc 软件包、与内核和设备相关的头文件来自内核源码。

编译 gcc 还需要几个额外的库: isl (interger set library, 整数集合库) 、gmp (GNU Multiple Precision Arithmetic Library, GNU 多精度运算库)、mpc (multiple precision complex Library, 多精度复数运算库)、mpfr (multiple precision floating-point reliable Library, 多精度浮点运算库)。这些库不需要逐个单独编译, 可以将它们的解压目录链接到 gcc 源码目录下, 并按如下方式做目录名链接:

```
|-- gmp-6.2.0/
|-- isl-0.15/
|-- mpc-1.1.0/
|-- mpfr-4.1.0/
|-- gcc-9.2.0/
```

```
|        |-- gmp -> ../gmp-6.2.0/
|        |-- isl -> ../isl-0.15/
|        |-- mpc -> ../mpc-1.1.0/
|        |-- mpfr -> ../mpfr-4.1.0/
|        `...
`-- build_dir/              编译工作目录
```

编译 gcc 时会自动编译这些依赖库。

gcc 交叉编译器软件源如下：

```
gmp 主页: https://gmplib.org/
gmp 源码: https://ftp.gnu.org/gnu/gmp/gmp-6.2.0.tar.xz
mpc 主页: http://www.multiprecision.org/mpc/
mpc 源码:https://ftp.gnu.org/gnu/mpc/mpc-1.1.0.tar.xz
mpfr 主页: https://www.mpfr.org/
mpfr 源码: https://ftp.gnu.org/gnu/mpfr/mpfr-4.1.0.tar.xz
isl 主页: http://freecode.com/projects/isl
isl 源码: ftp://gcc.gnu.org/pub/gcc/infrastructure/isl-0.15.tar.bz2
gcc 主页: https://www.gnu.org/software/gcc/
gcc 源码: https://ftp.gnu.org/gnu/gcc/gcc-9.2.0.tar.xz
binutils 主页: https://www.gnu.org/software/binutils/
binutils 源码: https://ftp.gnu.org/gnu/binutils/binutils-2.34.tar.xz
glibc 主页: https://www.gnu.org/software/libc/
glibc 源码: https://ftp.gnu.org/gnu/glibc/glibc-2.31.tar.xz
```

gcc 编译器和 C++ 库需要分两次编译，第一次编译 gcc 和 gcc 的库，第二次编译标准 C++ 库。下面是配置和编译 gcc 的过程，这些操作应在编译工作目录下操作完成：

```
$ ../configure \
    --host=aarch64-linux \
    --prefix=/usr \
    --without-headers \
    --with-system-zlib \
    --enable-static \
    --enable-shared \
    --with-gnu-as \
    --with-gnu-ld \
    --enable-languages=c,c++ \
    --enable-gold \
    --enable-ld=default \
    --enable-lto \
    --disable-libada \              # 去掉不常用的库
```

```
    --disable-libatomic \
    --disable-libgomp \
    --disable-libitm \
    --disable-libmudflap \
    --disable-libquadmath \
    --disable-libsanitizer \
    --disable-libssp \
    --disable-libstdcxx \
    --disable-libvtv \
    --disable-decimal-float \
    --disable-multilib
$ make
$ make install DESTDIR=/home/deve/gcc-9.2.0/pkg_install
$ make distclean                      # 清除编译过的 gcc 文件
$ ../libstdc++-v3/configure \         # 单独编译 C++ 库和头文件
    --host=aarch64-linux \
    --prefix=/usr \
    --enable-static \
    --enable-shared \
    --disable-multilib \
    --disable-libstdcxx-threads \
    --disable-libstdcxx-pch
$ make
$ make install DESTDIR=/home/deve/gcc-9.2.0/pkg_install
```

编译 binutils 时, 在配置选项中增加 gold 连接器:

```
$ ../configure \
    --host=aarch64-linux \
    --prefix=/usr \
    --with-system-zlib \
    --enable-static \
    --disble-shared \
    --with-gnu-as \
    --with-gnu-ld \
    --enable-gold \
    --enable-ld=default
```

编译后会生成 ld.bfd 和 ld.gold 两个链接器 [1]。前者是 GNU 的传统链接器, 后者是由

---

[1] 链接器ld的词源可能来自 "load" 或 "link editor" 中的两个字母(https://en.wikipedia.org/wiki/Linker_(computing))。

Google 的一个团队开发的链接器 (Google ld), 从 binutils-2.19 版本开始加入。其设计初衷是为了加快链接速度、减少内存开销, 对于 C++的大项目开发更有意义。

glibc 可以使用标准配置过程编译。在制作 glibc 的安装包之前, 还应将内核的用户空间头文件安装到 glibc 的安装目录。这项工作在内核源码目录下执行:

```
$ make ARCH=arm64 \
    headers_install \
    INSTALL_HDR_PATH=/home/devel/glibc-2.31/pkg_install/usr
```

1.5 节制作的根文件系统已经包含了 GLibc 库的部分。部分动态链接的软件对 GLibc 的版本有依赖。移植 GLibc 最好选择与 PC 上的交叉编译工具链相同的版本, 或者在制作 glibc 安装包时将 GLibc 库剔除, 只保留头文件、程序和数据部分, 以避免安装到目标系统后发生冲突。

以上工作仅允许在树莓派上编译基本的 C/C++ 程序, 不能超出标准 C 库的范围。如果要开发 GTK、X11 或者其他应用, 还应将之前在移植过程中产生的头文件和库复制到目标系统。

5.2 版本控制系统 GIT

版本控制系统 GIT 是用于管理软件开发过程的重要工具。它可以记录软件开发的过程、回溯开发历史、管理分支、协同开发者之间的合作。大量的开源软件通过版本控制系统管理。在众多的版本控制系统中, GIT 是开源软件界使用最为广泛的版本控制系统之一, 开发者是 Linux 之父 Linus Torvalds。很多 Linux 的软件被集中托管在 GIT 服务器上, git 是重要的源代码下载工具。Linux 操作系统内核本身就是用 GIT 维护的。

GIT 软件源如下:

```
git 主页: https://git-scm.com
git 源码: https://www.kernel.org/pub/software/scm/git/git-2.27.0.tar.gz
```

GIT 依赖 LibreSSL、cURL (支持 HTTP/HTTPS 协议的文件传输) 和 Expat (git-push 的 HTTP/HTTPS 传输)。在 Tcl/Tk 库的支持下, 通过配置选项 `--with-tcltk`, 可生成图形化客户端`gitk`。

git 必须在源码主目录编译, 交叉编译配置选项如下:

```
$ ./configure
    --host=aarch64-linux \
    --prefix=/usr \
```

```
ac_cv_fread_reads_directories=yes \
ac_cv_snprintf_returns_bogus=yes \
--with-ssl \
--with-curl \
--with-expat
```

5.3　Python 简介

Python 是跨平台的编程语言, 它是很多操作系统标准的组件。大多数 Linux 发行版和 Mac OS 都集成了 Python, 无须单独安装即可直接使用其基本功能。在 Linux 系统中, Python 不仅是一种编程语言或开发工具, 很多基础软件都依赖 Python, 或者直接是由 Python 语言提供的。

5.3.1　Python 发展史

Python 最早出现于 20 世纪 80 年代晚期 [①], 它的作者 Guido van Rossum 当时就职于荷兰国家数学与计算机科学研究院 CWI (CWI 是该机构的荷兰语单词首字母缩写)。谈及创作动机时, van Rossum 说是为了填补 1989 年圣诞节放假期间的空虚, 手边正好有一台计算机, 于是决定为一个新的脚本语言 (ABC 语言的继任者。ABC 语言是一种用于教学的程序设计语言) 写一个解释器。当时有一个英国的喜剧小组, 名叫 Monty Python。由于 van Rossum 本人非常喜欢 Monty Python 的节目, 于是决定用 "Python" 命名他的这项工作。

Python 属于自由软件。它的版权协议几经变化, 目前采用 Python 软件基金会版权协议 (Python Software Foundation License, PSFL) 发布。这种版权协议是开源软件协议的一种, 与通用公共版权协议 GPL兼容。与 GPL 协议不同的是, 它不强制发布修改后的软件版本必须提供源代码。

Python 在英语里有 "蟒蛇" 的意思, Python 的图标就是两条纠缠在一起的蟒蛇。

计算机系统中, Python 2 和 Python 3 两个大版本曾长期共存。Python 2.0 于 2000 年 10 月 16 日发布, Python 3.0 于 2008 年 12 月 3 日发布。Python 3 并不是 Python 2 的升级版, 它与先前的版本不兼容, 但其中的主要特性都已经做了移植, 以保持和 Python 2.6.x 和 Python 2.7.x 系列的兼容性。Python 在发展过程中, 语法规则没有发生大的变化, 不兼容主要体现在细节上, 比如 Python 2 中, "print" 是一个关键字, 而在 Python 3 中则是一个普通的函数。Python 开发者在 2008 年就宣布, Python 2 将在 2015 年 "日落", 希望逐渐淘汰 Python 2, 但当时还有大量依赖 Python 2 的软件在使用, 淘汰的计划不得不数度推迟, 最终于 2020 年初正式停止支持。建议读者在新开发的程序中不再使用 Python 2。

---

① 官方公布的发布时间是 1991 年 2 月 20 日。

5.3.2　Python 编程理念

Python 是一种广泛使用的解释型高级编程语言, 它强调代码的可读性和简洁的语法规则, 让程序员使用较少的代码表达设计思想。不论程序规模大小, Python 语言都尽可能让程序结构清晰明了。通过大量的模块化设计, Python 可以让软件开发者把注意力集中在算法逻辑上, 而不是细节实现上。

Python 的设计理念是优雅、简洁、明确, 强调可读性。在使用 Python 编程时, 如非必要, 程序员一般会拒绝花哨的语句, 而选择明确的、没有歧义的语法规则。这些准则被 Python 程序员 Tim Peters 写成了一段 “Python 格言” (The Zen of Python)。在 Python 解释器内运行 `import this` 命令, 就会打印出这段 “格言”, 你将会看到下面这段文字:

```
>>> import this
The Zen of Python, by Tim Peters
Beautiful is better than ugly.
Explicit is better than implicit.
Simple is better than complex.
Complex is better than complicated.
Flat is better than nested.
Sparse is better than dense.
...
```

在保证功能正确的前提下, Python 要求程序尽可能简洁明了、层次结构清楚。为此, Python 特别使用缩进对语句的层次结构进行处理, 借此强迫程序员规范编程风格。

5.3.3　Python 的应用

Python 是多模态的编程语言, 支持完整的面向对象编程和结构化编程的特性。Python 拥有一套强大的标准库和大量的第三方模块, 它们的功能覆盖系统管理、数学计算、网络通信、文本处理、数据库、图形接口等几乎所有的应用软件编程领域, 在上述编程应用中无不体现出 Python 的灵活和便捷。

5.4　Python 的移植

Python 官方网站 *https://www.python.org/downloads* 提供了 PC 各种操作系统的安装包, 使用者可根据各自的需要安装相应的版本。但想在一些嵌入式平台上使用 Python,

可能需要用户从源代码开始编译。Python 是跨平台的编程语言, 但运行环境与硬件平台和操作系统都有关。

Python 依赖 SQLite、libffi、Expat、LibreSSL、readline 和 Tcl/Tk。SQLite 是用于嵌入式系统的关系数据库管理系统, 为 Python 提供可选的数据库模块; Tcl/Tk 用于构建 Python 图形模块 tkinter, 同样也不是 Python 的必须选项, 但却是 Python 一个比较常用的图形库; Python 命令行环境的行编辑功能通过 readline 支持, 它允许用户使用上下方向键回溯命令、左右方向键和退格键编辑命令; Python 源码中已包含 libffi 和 Expat, 但可以在配置编译环境时通过选项 --with-system-ffi、--with-system-expat 选择使用系统共享库。下面列出了 Python 相关的软件源:

```
sqlite 主页: https://www.sqlite.org/
sqlite 源码: https://www.sqlite.org/2020/sqlite-autoconf-3320300.tar.gz
tcl/tk 主页: https://www.tcl.tk
tcl 源码: https://prdownloads.sourceforge.net/tcl/tcl8.6.9-src.tar.gz
tk 源码: https://prdownloads.sourceforge.net/tcl/tk8.6.9-src.tar.gz
python 主页: https://www.python.org
python 源码: https://www.python.org/ftp/python/3.8.2/Python-3.8.2.tar.xz
```

以下按图 5.1 的依赖关系进行移植。

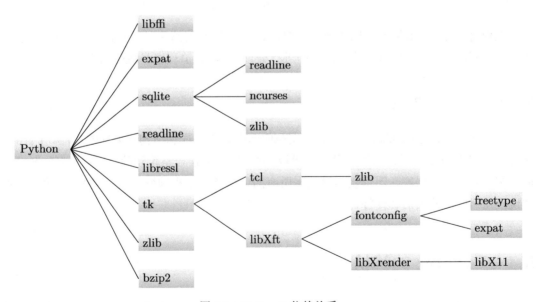

图 5.1　Python3 依赖关系

5.4.1 数据库软件 SQLite

SQLite 可以使用标准配置过程编译, 编译结果产生可供其他软件调用的函数支持库和一个基于终端的数据库命令行工具 sqlite3。当有 readline 支持时 (选项 --enable-readline) 可以改善 sqlite3 命令行编辑的可操作性。下面是一个简短的数据库操作过程:

```
# sqlite3 persons.db
SQLite version 3.32.3 2020-06-18 14:00:33
Enter ".help" for usage hints.
Connected to a transient in-memory database.
Use ".open FILENAME" to reopen on a persistent database.
sqlite> create table students(ID interger PRIMARY KEY,
    ...> Name text NOT NULL,
    ...> Gender text,
    ...> Age interger);
sqlite> insert into students values(2020110, '张三', 'M', 21);
sqlite> insert into students values(2020111, '李四', 'M', 22);
sqlite> insert into students values(2020112, '王小二', 'F', 20);
sqlite> .header on
sqlite> .mode column
sqlite> select * from students order by Age;
ID          Name        Gender      Age
----------  ----------  ----------  ----------
2020112     王小二          F           20
2020110     张三           M           21
2020111     李四           M           22
sqlite> create table staffs(Name text PRIMARY KEY,
    ...> address text,
    ...> Salary REAL,
    ...> Birthdate Date);
sqlite> .tables
staffs    students
sqlite> .quit
#
```

以上读取数据库文件 persons.db (如果不存在, 则创建该数据库文件), 创建两个数据表 students 和 staffs, 向 students 中填入几项记录, 按 "Age" 排序显示数据表的内容。数据库操作命令以分号结尾, sqlite 命令以 "." 起头。操作命令不区分大小写, 但数据库索引和关键词区分大小写。

现在以这种方式使用数据库已不多见, 更多的是通过图形界面软件、或程序化操作如 Python 的 sqlite3 模块进行数据库操作, 它们都以 SQLite 的库为基础, 而不需要直接使用 sqlite3 命令。

5.4.2 Tcl/Tk

Tcl (Tool Command Language, 工具命令语言) 是一种通用解释型编程语言, 虽然形式简单却功能强大, 支持面向对象、函数和过程的多种编程模态, 在类 UNIX 系统中广泛使用。它常用于快速原型开发、GUI 编程 (借助于图形扩展工具包) 和测试等方面。Tcl 最流行的扩展工具包是 Tk, 因此二者也常出现在同一场合。Tk 提供构建图形界面程序的各种组件和管理工具, 在不同的操作系统上实现图形用户界面设计。与 Tcl 一样, Tk 也是解释型编程语言。各种平台下的 Tcl 实现是统一的, 因此 Tk 程序可无须修改地移植至各种平台。

Tcl 和 Tk 的原作者都是 John Ousterhout。最初它是为 UNIX 系统开发的, 目前两款软件的更新几乎是同时发布。它们的源码结构类似, 编译配置命令configure 的风格与多数软件略有不同。Tcl 除了对 zlib 有选择地依赖以外, 不依赖其他库。Tcl 的配置命令如下:

```
$ ../unix/configure \
  --host=aarch64-linux \
  --prefix=/usr \
  --mandir=/usr/share/man \
  --enable-shared \
  --disable-static \
  --enable-64bit
```

Tk 依赖 Tcl 和 libX11, 配置 Tk 编译环境时需要指明 Tcl 的安装路径。配置命令如下:

```
$ ../unix/configure \
  --host=aarch64-linux \
  --prefix=/usr \
  --mandir=/usr/share/man \
  --with-tcl=/home/devel/target/usr/lib \
  --enable-shared \
  --disable-static \
  --enable-64bit
```

Tcl/Tk 编译完成后, 除了产生支持库, 还生成 Tcl/Tk 解释器。Tcl 的解释器命令是 tclsh, Tk 的解释器命令是 wish。解释器同时也是命令行交互环境。

　　程序清单 5.1 是一个 Tk 小程序, 仅显示一个按钮组件。通过 "wish botton.tcl" 运行, 产生一个简单的交互界面。

程序清单 5.1　一个 Tk 小程序 button.tcl

```
#!/usr/bin/wish

package require Tk

# 创建一个button, 显示文字 "Hello world"
# 单击按钮, 向标准输出设备打印, 并销毁窗口
button .hello -text "Hello, world" -command {
    puts stdout "Hello, world"; destroy .
}

pack .hello
```

5.4.3　编译 Python

　　交叉编译 Python3 需要主机相同的大版本环境 (即: 编译 Python-3.8.2, 主机 Python 环境至少要求 Python-3.8.0)。配置命令如下:

```
$ ../configure \
    --host=aarch64-linux \
    --build=x86_64-linux-gnu \
    --prefix=/usr \
    ac_cv_file__dev_ptmx=no \
    ac_cv_file__dev_ptc=no \
    ac_cv_buggy_getaddrinfo=no \
    --with-system-expat \
    --with-system-ffi \
    --without-ensurepip \
    --with-tcltk-includes="-I/home/devel/target/usr/include" \
    --with-tcltk-libs="-ltcl8.6 -ltk8.6" \
    --enable-optimizations
```

编译后生成的 Python 解释器 python3 命令 [①]、各种内建模块和一个简单的集成开发环境 idle3 已足够在嵌入式系统上使用。但在嵌入式系统上编译由 C/C++ 语言编写的 Python 扩展模块, 还需要对 Python 生成文件做一些修改。若要使目标系统能使用 Python 的编

---

　　① 文中用 Python2、Python3 表示 Python 版本, 用 python、python2、python3 表示程序名。由于在相当长的一段时间里, 计算机系统同时存在 Python2 和 Python3 两个大版本。在 Linux 操作系统中, 程序名 "python" 默认是 Python2 的解释器。

译环境, 需要修改安装到 usr/lib/python3.8/目录下的文件 _sysconfigdata__linux_aarch64-linux-gnu.py 中的库和头文件路径。原路径指向安装目录 /home/devel/target/usr, 应将它们修改成 /usr。该文件中编译器使用了配置选项 --host 指定的前缀, 在目标系统使用编译器时, 这个前缀也是不必要的。这个文件本身不妨碍在目标系统上使用 Python 编程, 但在目标系统上使用 Python 编译、安装其他模块时, 会用到这个文件中指定的编译器、头文件路径和库文件路径。建议针对目标系统修改后再制作 DEB 安装包。此外, 为了支持目标系统的 C/C++ 编译功能, 还需要将 Python 源码的头文件复制安装到目标系统。

5.4.4 安装 pip

Python 世界中有大量的第三方模块, 它们被汇集在 Python 包索引 PyPI (Python Package Index) 仓库中。仓库由 Python 的社区团队维护, 网址是 https://pypi.org。用户可以直接到该网站下载自己需要的模块。但有些 Python 模块存在依赖关系。桌面操作系统可以通过包管理工具安装和卸载, 较好地解决依赖关系, 也可以通过一个专门的工具 pip (package installer for python, Python 软件包安装器) 管理这些模块。pip 是一个不依赖操作系统和发行版的命令行工具, 本身已包含在 Python 源码中。但在交叉编译时, Python 编译选项 --with-ensurepip 有可能导致编译失败。这里采用后期安装的办法。在目标系统安装 Python 后, 可以通过下面的步骤单独安装 pip:

(1) 下载 get-pip.py:

```
# curl https://bootstrap.pypa.io/get-pip.py -o get-pip.py
```

(2) 运行 get-pip.py:

```
# python3 get-pip.py
```

此过程会自动安装 pip、setuptools 和 wheel 三个 Python 模块, 并生成与上述执行的 Python 命令版本对应的命令行安装工具 pip (即: 若用 python3 运行 get-pip.py, 则 pip 是针对 Python3 的模块, 若用 python2 运行 get-pip.py, 安装的 pip 是针对 Python2 的模块)。setuptools 用于安装源码发布的 Python 模块, wheel 用于安装 ".whl" 文件, 这两个模块会通过 pip自动调用。".whl" 后缀的文件是 Python 模块的打包压缩文档。

pip 安装后, 可以做一个小测试, 用它下载一个模块:

```
# pip install numpy
```

numpy (numerical in python) 是专门用于数学计算的 Python 模块。上述命令执行中, 应能看到下载和安装 numpy 模块的过程。可以试着在 Python 中导入 numpy 模块, 看 pip 是否已经能正常工作了:

```
# python3
Python 3.8.2 (default, Jun 29 2020, 13:30:55)
[GCC 9.2.0] on linux
Type "help", "copyright", "credits" or "license" for more information.
>>> import numpy as np
>>>
```

pip不仅是一个安装器, 它同时也可以查询仓库、显示模块信息、以及删除模块。表 5.1是 pip 常用命令、选项及功能。

表 5.1　pip 常用命令、选项及功能

命令、选项	功能
install	下载并安装模块
uninstall	卸载模块
list	列出已有模块的清单
show	显示模块信息
wheel	制作 whl 模块安装包
--proxy	通过代理服务器下载安装包
--user	以用户方式、而非 root 方式安装

5.5　Python 基本使用

5.5.1　Python 编程工具

任何编程语言都需要有一个开发环境, Python 也不例外。由于 Python 语言结构的特点, 并且本身又是解释型语言, 专门安装一个重量级的集成开发环境并不合算, 很多优秀的文本编辑器就可以帮助开发人员编辑相对复杂的项目, Emacs 和 Vim 都可以经过简单地配置即可适应 Python 程序编辑。但是程序编辑完成后, 还面临着运行、调试环节, 即使以源码形式发布的 Python 软件, 安装到用户计算机上, 也要求该计算机具备 Python 运行环境。

安装了 Python 系统后便同时具备了 Python 的运行环境和开发环境。Python 运行环境是 Python 源程序的解释器 python3 和相关的动态链接库。通过 Tcl/Tk 库支持的 Python 集成开发环境 (Integrated Development Environment, IDE)idle本身就是用 Python 语言写成的。如果用户有兴趣用文本编辑器打开, 可以看到它仅有下面的寥寥数行:

程序清单 5.2　　Python 集成开发环境 idle

```
#!/usr/bin/python3

from idlelib.PyShell import main
if __name__ == '__main__':
    main()
```

它提供了一个运行 Python 指令的交互界面 (Python Shell) 和符合 Python 编程风格的编辑工具。良好的编辑工具有助于提高效率, 减少差错。由于 Python 对源程序版面格式有一定的要求, 针对 Python 语言设计的编辑工具也方便了程序的输入。有些其他的编辑工具 (如 Vim、sublime 等) 通过适当的配置也可以很方便地用于编辑 Python 源程序。

即使不启动 idle, 在终端上输入不带任何参数的**python3** 命令本身, 也会进入 Python 交互环境。在这个环境下, 可以逐条输入 Python 代码, 随时得到这行或这段代码执行结果的反馈。

5.5.2　运行 Python 程序

按照惯例, 学习程序语言的第一个例子总是从一句问候语开始:

程序清单 5.3　　第一个 Python 程序 hello.py

```
print("Hello, Python!")
```

从中可以看到, Python 语言是如此简单, 没有多余的废话。但是, 计算机怎么知道按照 Python 的规则运行呢？

作为一个源程序, 我们将含有上面一行语句的内容保存成一个文件, 例如 hello.py, 它就是 Python 的源程序。在安装了 Python 的 Windows 系统中, 该文件会以 Python 的图标提示用户。只需要用鼠标单击它, 系统便自动调用 Python 解释器运行这个程序, 打印一串字符。只是由于过程太短, 随着程序的结束, 打开的窗口瞬间就关闭了。

在 Linux 系统上 (包括 UNIX、MacOS 系统), 运行方式比较多样化, 例如:

(1) 在桌面环境中, 使用鼠标单击该文件的图标, 方式与 Windows 中的做法相同, 结果和在 Windows 中看到的效果也相同。

(2) Linux 操作系统习惯使用终端操作。因此可以直接在终端中运行下面的命令:

```
$ python3 hello.py
Hello, Python!
$
```

程序在终端上打印一句问候语。

(3) 将下面的内容写在源程序文件的第一行:

```
#!/usr/bin/env python3
```

文件开头的两字节 "#!" 是脚本文件的标识, 系统会根据后面指定的程序作为解释器。这里表示此文件中的语句用 python3 程序解释运行。

接下来用 chmod 为该文件设置可执行属性, 该文件形式上就成为一个独立的可执行文件, 可以按普通可执行程序方式运行, 例如:

```
$ chmod +x hello.py
$ ./hello.py
Hello, Python!
$
```

Python 一行可以有多个语句, 每个语句之间用分号分割, 最后一个语句后面的分号可有可无。表达式之间可以有空格, 但每一行语句最前面的空格 (缩进) 是有意义的, 不能随意添加。Python 开发者有意以此来强迫程序员养成良好的程序书写习惯。上面这个小程序, 每行代码都应该顶格书写。

5.5.3 交互方式

终端上输入 python3 或者 idle& 可以启动交互方式, 在提示符 ">>>" 下可以直接输入 Python 语句。组合键 Ctrl+D 或者调用 Python 函数**exit()** 退出 Python Shell, 回到终端:

```
# python3
Python 3.8.2 (default, Jun 29 2020, 13:30:55)
[GCC 9.2.0] on linux
Type "help", "copyright", "credits" or "license" for more information.
>>> print ("Hello, Python!")
Hello, Python!
>>> exit()
#
```

这个环境下的操作不能保存, 语句写错了也不便于修改, 因此不是一个真正意义的编程环境, 但对于一些简单的操作和不太复杂的程序来说, 具有反应及时、操作便捷的优点。作为基本工具, 可利用这个环境学习 Python 的一些基础知识, 甚至把它当作一个功能强大的计算器; 需要查询一些内建函数和对象的文档, 可以在这个环境中简单地调用**help()** 方法; 对于非内建模块, 导入后也可以使用 **help()** 查阅。

idle 则是一个图形化工作环境 (见图 5.2), 通过 File 菜单的 "Open..."(打开已有文件) 或 "New File"(创建新文件) 子菜单, 会创建一个新的编辑窗口, 真正的编程工作可以在这个环境下完成。程序编辑后, 单击编辑窗口上面的菜单 "Run"→"Run Module", 选择保存文件后即开始运行。如有输入/输出, 则会反映在 Shell 窗口中。

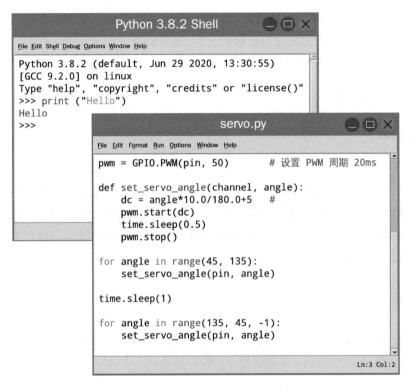

图 5.2　集成开发环境 idle 及编辑窗口

5.6　本章小结

本章讨论了如何在树莓派上建立开发环境, 重点介绍了 C/C++ 编译器和 Python 的移植。经过 strip 命令处理后, 全部编译工具在树莓派上约占用 200MB 的存储空间。虽然这只是核心部分的开发工具, 还缺少 GNU Make 及其他一些自动化处理工具, 但对于多数简单的 C/C++ 程序开发已经足够用了。Python 并不是单纯意义的开发工具。但树莓派上有太多的 Python 应用, Python 解释器成为树莓派上不可或缺的基础软件。安装了编译器的树莓派已是一个初具开发能力的系统, 特别是在安装了 Python 环境的基础上, 树莓派板上几乎所有资源都可以直接在板上通过编程实现控制, 而无须再通过交叉编译的开发方式。

树莓派接口控制

树莓派引出了一组 I/O 接口, 这组 I/O 接口可以在许多控制应用场合灵活地发挥作用。本章介绍这些引脚的功能, 通过 Python 的 GPIO 模块使用这组接口, 了解一些常用外围设备的使用。

6.1 树莓派设备扩展

BCM283X 内部有 54 个独立的 I/O 引脚, 多数引脚的功能是复用的。在每个引脚的控制寄存器中, 用于功能选择的有 3 位, 因此理论上每个引脚可以通过编程, 实现 8 种不同的功能 (GPIO 的输入和输出各算一种功能)。但实际上, 受限于片内设备的设计复杂性, 大多数引脚没有这么多功能。嵌入式处理器的这种 I/O 引脚复用功能, 使得其更适用于不同的应用场合。在树莓派 2B 以后的型号, GPIO0~GPIO27 被引到 2×20 引脚上, 用于在嵌入式系统中对设备进行控制。

6.1.1 GPIO

嵌入式处理器集成了各种设备接口, GPIO (General Purpose Input/Output, 通用 I/O 接口) 是较常用的一类, 它通过一只引脚实现简单的输入/输出功能。图 6.1 是 GPIO 引脚示意图。当某个引脚被设置为 GPIO 功能时, 控制寄存器的方向控制位 GPDIR 决定了信号的传输方向——输入或者输出, 数值位 GPVAL 对应该引脚的电平——高或者低。作为输入引脚时, 可以检测输入端上升沿或下降沿的变化。上拉电阻/下拉电阻的作用是确保输入端在悬空时有一个确定的电平。

各种设备的驱动程序属于 Linux 内核的一部分。某个设备驱动被加载后, 会在 /dev 目录下创建一个设备文件。用户程序通过读写这个设备文件实现对设备的操作。此外, 树莓派内核还通过 SYSFS 伪文件系统为用户提供了一些较常用设备的用户空间操作方法。

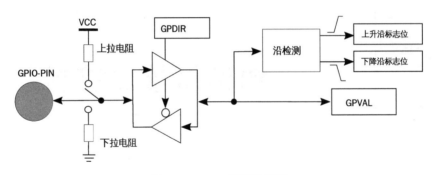

图 6.1　GPIO 引脚示意图

首先, 在 /sys/class/gpio 目录中, 可以看到有这样几个文件和目录:

```
/sys/class/gpio        （目录）
  |
  |-- export           （用于创建GPIO结点）
  |-- unexport         （用于删除GPIO结点）
  |-- gpiochip0        （符号链接）
  |-- gpiochip100      （符号链接）
  `-- gpiochip128      （符号链接）
```

用户空间操作 GPIO 时, 应先关注 export 和 unexport 这两个文件。

文件 export 用于创建一个 GPIO 的目录 (结点), 该目录提供了对应引脚输入/输出功能的进一步操作方法。为达到这个目的, 首先确定想使用的 GPIO 序号。这里的序号指的是芯片内部的 GPIO 编号, 不是电路板插座上的编号。例如想使用 GPIO18, 它对应树莓派 2×20 引脚排针的第 12 引脚位置。创建 GPIO18 的功能可以通过向文件 export 写入一个数字 "18" 实现:

```
# echo 18 > export
```

命令执行后, 会在该目录下看到多出一个链接文件 GPIO18, 它实际上是一个目录的链接。进入这个目录, 可以看到有 value 和 direction 等文件。direction 用于设置 GPIO 的输入或输出方式, 它接收两个值: in 和 out; value 用于获取或控制对应引脚的电平, 是一个可读文件, 如果里面的值是 0, 表示当前引脚处于被低电平控制的状态, 如果是 1, 表示目前处于高电平状态。当 direction 内容为 out 时 value 是可写的, 写入值将影响到引脚的电平输出:

```
# echo out > direction
# echo 1 > value
```

对于可读文件, 可以使用 cat 或 more命令查看里面的内容:

```
# cat direction
in
# cat value
1
```

文件 unexport 用于删除已存在 GPIO 功能的引脚结点, 对它操作方法和 export 相同, 向其写入对应的编号即可将结点目录删除。

6.1.2 PWM

PWM (Pulse Width Modulation, 脉冲宽度调制) 是一种产生可变占空比矩形波的技术, 决定 PWM 波形特征的有两个参数: ①占空比 (dutycycle); ②频率 (frequency) 或周期 (T), 见图 6.2。当 PWM 波形通过低通滤波以后, 输出的等效直流电压与占空比成正比。因此, 它也是通过数字信号实现模拟输出的方法。

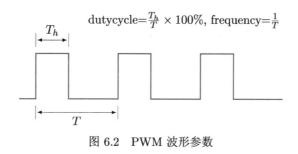

$$\text{dutycycle} = \frac{T_h}{T} \times 100\%, \text{frequency} = \frac{1}{T}$$

图 6.2 PWM 波形参数

硬件 PWM 使用硬件定时器产生高频率、准确周期的脉冲信号, 精确控制引脚输出高低电平的时间。树莓派在扩展接口上引出了两个硬件 PWM 模块, 可以通过配置引导参数激活其功能。

要启用硬件 PWM, 首先要在内核中支持 PWM-BCM2835 (可以是模块加载, 也可以直接编入内核), 然后将设备树 pwm-2chan 加入 BOOT 分区的系统启动设置文件 config.txt 中, 像下面这样:

```
dtoverlay=pwm-2chan,pin=18,func=2,pin2=19,func2=2
```

参数 pin 是 GPIO 引脚编号, func 对应引脚的功能码。功能码参考 BCM283X 数据手册。在树莓派 2×20 的引脚中, 只有 GPIO12、GPIO13、GPIO18 和 GPIO19 具有硬件 PWM 功能, 并且每次最多只能同时有 2 个硬件 PWM 功能引脚。PWM 功能引脚设置参数见表 6.1。

设置了 PWM 功能后, 同时也会将 PWM0 和 PWM1 连向耳机插座。因此如果 PWM 输出的是音频信号时, 插上耳机就可以听到声音了。

表 6.1　PWM 功能引脚设置参数

引脚	PWM0	PWM1
GPIO12	4	
GPIO13		4
GPIO18	2	
GPIO19		2

当硬件 PWM 功能可用时, 可以在 /sys/class/pwm 目录下看到 pwmchip0 的链接 (目录)。这个目录里有下面这些文件:

```
/sys/class/pwm/pwmchip0      (目录)
  |-- export               (用于创建 PWM 结点)
  |-- unexport             (用于删除 PWM 结点)
  |-- npwm                 (PWM 数目)
  `-- uevent
```

npwm 显示的是 2, 因此可以通过 echo 0 > export 和 echo 1 > export 创建两个 PWM 结点, 它们分别对应 GPIO18 和 GPIO19 (也可能对应 GPIO12 和 GPIO13, 取决于系统启动时 config.txt 文件中 PWM 引脚设置)。此时引脚的 GPIO 功能便切换到 PWM 功能。

在 pwm0 或 pwm1 目录下有这几个重要的文件:

```
/sys/class/pwm/pwm0          (目录)
  |-- enable               (使能/禁止 PWM 输出)
  |-- capture              (PWM 捕获)
  |-- period               (周期设置, 单位 ns)
  |-- duty_cycle           (占空周期设置, 单位 ns)
  `-- polarity             (极性设置, normal/inversed)
```

占空周期和周期的参数均以 ns 为单位, 二者的比值 duty_cycle/period 即为占空比。需要使用 PWM 输出时, 分别向这两个文件中写入所需的参数, 再向 enable 文件中写入 "1" 即启动 PWM 输出。polarity 用于控制输出的极性, 它接受 normal 和 inversed 两个值。正常方式 (normal) 时, 占空比是高电平在一个周期中所占的比例; 颠倒方式 (inversed) 时, 占空比则是按低电平所占比例计算。

下面的操作将产生 500Hz、50% 占空比的矩形波:

```
# echo "2000000" > period
# echo "1000000" > duty_cycle
# echo 1 > enable
```

6.1.3　扩展接口资源配置

树莓派 4B 有一组 2×20 的 I/O 扩展口。表 6.2 是引脚功能分配。

表 6.2　GPIO Connector 的 I/O 引脚功能

引脚名称 1	引脚名称 2	引脚	引脚名称 1	引脚名称 2	引脚
	3.3V	1		5V	2
GPIO2	SDA1	3		5V	4
GPIO3	SCL1	5		GND	6
GPIO4	GCLK	7	GPIO14	TxD	8
	GND	9	GPIO15	RxD	10
GPIO17	GEN0	11	GPIO18	GEN1	12
GPIO27	GEN2	13		GND	14
GPIO22	GEN3	15	GPIO23	GEN4	16
	3.3V	17	GPIO24	GEN5	18
GPIO10	MOSI	19		GND	20
GPIO9	MISO	21	GPIO25	GEN6	22
GPIO11	SCLK	23	GPIO8	CE0	24
	GND	25	GPIO7	CE1	26
GPIO0	ID-SD	27	GPIO1	ID-SC	28
GPIO5		29		GND	30
GPIO6		31	GPIO12		32
GPIO13		33		GND	34
GPIO19		35	GPIO16		36
GPIO26		37	GPIO20		38
	GND	39	GPIO21		40

注: GPIO18、GPIO19 可用于硬件 PWM。

6.2　树莓派 GPIO 模块

6.2.1　安装模块

很多程序员为树莓派的 GPIO 接口开发了各种函数库。这里推荐使用 Ben Croston 编写的 RP.GPIO Python 模块, 这也是官方发布的树莓派 Linux 系统缺省安装的模块。源代码托管在 https://sourceforge.net/p/raspberry-gpio-python, 可使用下面的命令下载:

```
$ wget https://sourceforge.net/projects/raspberry-gpio-python/files/latest/download -
    ↪ O RPi.GPIO.tar.gz
```

如果不打算从源码编译, 可直接用 pip命令将该模块升级到最新版:

```
# pip3 install rpi.gpio
```

至 RPi.GPIO-0.7.0 版, 还没有对 PWM 的硬件支持, 仅是通过软件定时的方式实现 GPIO 高/低电平的时间控制。https://github.com/yfang1644/RPi.GPIO 对此专门做了修改, 增加了硬件 PWM 支持。利用已建立的 Python 系统和 C 语言编译工具, 在树莓派上从源码开始编译安装树莓派 GPIO 模块的过程如下:

(1) 下载源码:

```
# git clone https://github.com/yfang1644/RPi.GPIO
```

(2) 进入下载目录, 编译和安装:

```
# cd RPi.GPIO
# python3 setup.py build
# python3 setup.py install
```

(3) 安装完成后, 建议删除源码, 以免在错误的目录下产生导入模块错误。

6.2.2 使用 GPIO 模块

1. 导入模块

习惯上, 使用下面的方式导入模块。它既缩短了模块名称的长度, 也兼顾了模块的可识别特征。

```
import RPi.GPIO as GPIO
```

如果不是以超级用户权限执行程序, 下面的做法保险一些:

```
try:
    import RPi.GPIO as GPIO
except RuntimeError:
    print('''权限不足。你可能需要超级用户权限使用GPIO模块''')
```

try...except 是 Python 的错误处理机制。由于 Python 是解释性程序语言, 没有编译过程, 不能事先知道语法或功能性错误, 常需要这种方法动态地排除故障。

2. 引脚编号系统

RPi.GPIO 模块有两种引脚编号系统: **BOARD** 和 **BCM**, 前者按板上 2×20 针脚位置编号, 数字对应表 6.2的引脚两列, 后者按 BCM283X 芯片引出的 GPIO 下标编号, 数字对应

表 6.2 中引脚名称两列。两种编号系统在模块内部转换,用户不必关心。用户要做的是在开始使用 GPIO 时用下面的函数明确其中的一种编号方式,并在整个程序中保持这种方式:

```
GPIO.setmode(GPIO.BOARD)
  # 或
GPIO.setmode(GPIO.BCM)
```

如果引脚编号方式已经确定,函数getmode()用于获得当前编号方式,返回值可以是 BOARD、BCM,未指定编号方式时,函数将返回 None。

当配置引脚时,RPi.GPIO 模块检测到与已配置的功能发生冲突,会打印警告信息。多数情况下,警告只是警告,不会产生错误。如果不想看到警告,可以用下面的函数:

```
GPIO.setwarnings(False)
```

3. 设置输入/输出功能

引脚使用前必须明确设定输入或输出功能。函数setup(channel, direction) 做的就是这件事。channel 是引脚编号,direction 可以是 IN 或者 OUT,取决于功能要求。例如:

```
GPIO.setup(17, GPIO.IN)
GPIO.setup(18, GPIO.OUT)
```

上面第一行将 17 引脚设定为输入功能: 对于BCM 方式,它是 GPIO17,对应排针的第 11 引脚; 对于 BOARD 方式,它是排针第 17 引脚 (电源引脚),不可用。第二行将 18 脚设定为输出功能。

setup() 可以同时对多个引脚一次性初始化,例如

```
GPIO.setup([17, 18], [GPIO.IN, GPIO.OUT])
```

4. 清除已设定的功能

程序结束之前,将使用过的资源恢复原状,是一个好的习惯。函数cleanup() 清除引脚使用标记,将它们恢复成输入状态。设置成输入状态可以避免因为不小心造成引脚短路而损坏器件。清除所有引脚功能后,函数同时也清除引脚编号系统。

```
# 清除部分引脚功能
GPIO.cleanup(channel)
GPIO.cleanup((channel1, channel2))
GPIO.cleanup([channel1, channel2])

# 清除所有引脚设置
GPIO.cleanup()
```

6.3　GPIO 控制输出设备

setup() 初始化输出功能时, 还可以用 initial 参数设定初始输出电平:

```
GPIO.setup(18, GPIO.OUT, initial=GPIO.HIGH)
```

输出引脚通过函数 output() 改变输出电平:

```
GPIO.output(18, GPIO.LOW)
GPIO.output(18, GPIO.HIGH)
```

函数setup() 和output() 可以一次性操作多个引脚:

```
chan_list = [11, 12]     # 多个引脚可以用列表也可以用元组,
                         # 例如:
                         #   chan_list = (11, 12)
GPIO.setup(chan_list, GPIO.OUT)
GPIO.output(chan_list, [GPIO.LOW, GPIO.HIGH])
```

按图 6.3连接设备, GPIO18 控制 LED, GPIO8 控制一个开关。程序清单 6.1 是一个简单的程序, 开关每接通一次, LED 状态改变一下。由于开关接通时输入低电平, 代码第 12 行有意连接了一个内部上拉电阻, 确保开关未接通时读到的是高电平。

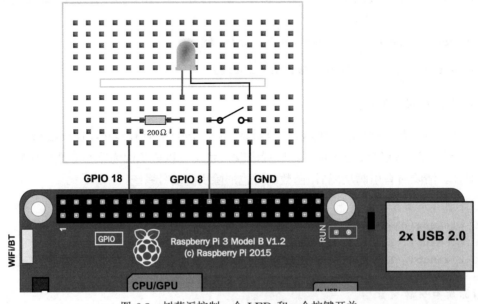

图 6.3　树莓派控制一个 LED 和一个按键开关

程序清单 6.1　　用开关控制 LED 程序 *switch.py*

```
1  #!/usr/bin/python3
2  # -*- coding: utf-8 -*-
3
4  import RPi.GPIO as GPIO
5  import time
6
7  LED = 18
8  SWITCH = 8
9  status = GPIO.LOW
10 GPIO.setmode(GPIO.BCM)
11 GPIO.setup(LED, GPIO.OUT, initial=status)
12 GPIO.setup(SWITCH, GPIO.IN, pull_up_down=GPIO.PUD_UP)
13
14 while True:
15     if GPIO.input(SWITCH) == GPIO.LOW:
16         status = GPIO.LOW if status==GPIO.HIGH else GPIO.HIGH
17         GPIO.output(LED, status)
18     time.sleep(0.5)
```

6.4　GPIO 输入功能

6.4.1　基本输入功能

GPIO 引脚作为输入功能时, 内部带有 10kΩ 的上拉电阻/下拉电阻, 分别接到 3.3V 和地。上拉/下拉电阻的作用是保证引脚在未接输入信号时有一个明确的输入电平, 避免一些干扰信号导致输入判断错误。上拉/下拉电阻控制通过**setup()** 函数的 `pull_up_down` 参数实现:

```
1  GPIO.setup(channel, GPIO.IN, pull_up_down=GPIO.PUD_UP)
2    # 或
3  GPIO.setup(channel, GPIO.IN, pull_up_down=GPIO.PUD_DOWN)
```

如果不设置上拉/下拉电阻, 默认的是浮空状态。

当引脚设置为输入功能时, 函数**input(channel)** 返回引脚的当前状态: `LOW` 或 `HIGH`。

在 RPi.GPIO 内部, `IN/LOW` 被定义为 0, `OUT/HIGH` 被定义为 1, 但不同版本不能确保一致, 建议使用符号表示, 而不是直接用数字 0/1 或逻辑值 False/True。

6.4.2 GPIO 高级输入功能

程序检测 GPIO 输入状态的原始方法是在循环中反复读取端口状态, 在计算机术语中, 这种方式被称为 "查询方式"。这种方式会带来很多问题: 首先, 它非常消耗 CPU 资源; 第二, 如果该端口长期没有响应, 程序会被这个端口套死, 不能及时处理其他事务; 第三, 响应事件不够及时。程序清单 6.1的响应时间设置在 0.5 s, 缩短响应时间必然加重 CPU 的负担。如果事件在这 0.5 s 之间短暂地发生过, 系统又没有记录的手段, 就会漏掉一次处理。

1. 阻塞方式

除了查询方式以外, RPi.GPIO 提供阻塞和中断方式用于输入功能。GPIO 具有对输入信号沿跳变的捕获能力。从低电平到高电平的变化瞬间称为上升沿 (rising edge), 从高电平到低电平的变化瞬间称为下降沿 (falling edge)。下面的例子使用函数 wait_for_edge() 在给定时间内等待 GPIO 的输入, 如果超时后还没有检测到输入信号, 则不再等待。可检测的变化状态包括 RISING、FALLING 或 BOTH。如果不设置超时参数 timeout, 程序会无休止地等待, 直至检测到指定的状态变化。

```
1  ...
2  channel = 8
3  # 等待下降沿, 最多 5 s (timeout 以毫秒为单位)
4  channel = GPIO.wait_for_edge(channel,
5                               GPIO.FALLING
6                               timeout=5000)
7  if channel is None:
8      print('Timeout occurred')
9  else:
10     print('Edge detected on channel', channel)
```

等待时间消耗的 CPU 资源很低, 只是程序在此期间不能处理其他事务。

另一种方案是安排事件检测, 过一段时间再来检查, 看是否事件已经发生, 做法如下:

```
1  # 在 channel 引脚设置下降沿检测事件
2  GPIO.add_event_detect(channel, GPIO.FALLING)
3
4  do_something()
5
6  if GPIO.event_detected(channel):
7      print('Button pressed')
```

这种方法允许处理器在等待引脚状态变化期间处理其他事务, 但响应事件不够及时。

2. 中断方式

中断方式通过设置线程回调函数实现并行处理, 它可以即时响应预先安排的事务。

```
1  # 回调函数
2  def my_callback(channel):
3      print('This is a edge event callback function!')
4      print('Edge detected on channel ', channel)
5
6  # 在 channel 引脚设置下降沿检测事件的回调功能
7  GPIO.add_event_detect(channel,
8                        GPIO.FALLING,
9                        callback=my_callback)
10 time.sleep(300)
```

sleep() 函数可以换成其他任何事务处理代码, 只要程序不结束, 回调函数就有效。回调函数是一种特殊的函数。由于事件发生的时间是不确定的, 所以回调函数不会被显式地调用, 而是在满足预先设定的条件时, 处理器根据预设的地址转去执行。回调函数的形式参数是确定的, 通常也没有返回值。

一个事件可以设置多个回调函数, 但不允许多个事件使用同一个回调函数 (至少在 RPi.GPIO 模块里不允许)。多个回调函数通过下面的方法设置:

```
1  ...
2  def my_callback_one(channel):
3      print('Callback one')
4
5  def my_callback_two(channel):
6      print('Callback two')
7
8  GPIO.add_event_detect(channel, GPIO.RISING)
9  GPIO.add_event_callback(channel, my_callback_one)
10 GPIO.add_event_callback(channel, my_callback_two)
11 ...
```

这种情况, 回调函数是顺序执行的, 而不是并行执行的, 因为在 RPi.GPIO 内部为每个事件只安排了一个线程。

3. 消除抖动

当输入设备是按键时, 如果机械开关设计不好, 手工按键时总会发生一些抖动, 这样, 一次按键就会被识别成多次输入。消除抖动有硬件方法也有软件方法。硬件方法是用一个电容滤除高频信号; 软件方法是设置一个等待时间: 当检测到有按键动作时, 等一段时间再读按键的状态, 这时的状态就是稳定的了。根据人的生理特点, 这段时间大概是数十毫秒量级。

RPi.GPIO 模块采用软件方法去抖动, 去抖动参数可以在调用 `add_event_detect()` 和 `add_event_callback()` 函数时通过 bouncetime 设置, 单位是 ms。例如:

```
1  # 在 channel 引脚设置事件检测的回调功能
2  # 去抖动时间 (bouncetime) 20ms
3  GPIO.add_event_detect(channel,
4                        GPIO.FALLING,
5                        callback=my_callback,
6                        bouncetime=20)
7  # or
8  GPIO.add_event_callback(channel,
9                          my_callback,
10                         bouncetime=20)
```

事件检测功能使用完毕, 应通过 `remove_event_detect()` 将其释放:

```
GPIO.remove_event_detect(channel)
```

6.5 PWM 模块

在 RPi.GPIO 模块中, 控制 PWM工作方式的有两个参数: 频率 (单位: Hz) 和占空比 (单位: 百分比)。在 RPi.GPIO 模块中, 所有 GPIO 引脚都可以设置为 PWM 功能, 但只有 GPIO18 和 GPIO19 是硬件 PWM, 其他是通过软件实现的 PWM。软件 PWM 消耗更多的 CPU 资源, 且频率和占空比的稳定性和准确性都不如硬件。

创建 PWM 模块首先要将相应引脚设置为 GPIO 的输出功能:

```
GPIO.setup(channel, GPIO.OUT)
p = GPIO.PWM(channel, frequency)
```

通过下面的函数启动 PWM 的工作:

```
# dc (duty cycle) 取值范围从 0.0 ~ 100.0
p.start(dc)
```

启动后通过下面的函数改变频率和占空比:

```
p.ChangeFrequency(freq)       # freq 是频率参数, 单位是Hz
p.ChangeDutyCycle(dc)         # 0.0 <= dc <= 100.0
```

停止 PWM:

```
p.stop()
```

注意, 软件 PWM 通过线程实现, 不要在同一只引脚上反复创建 PWM 对象, 一旦 PWM 创建, 改变频率和占空比应通过函数 ChangeFrequency()、ChangeDutyCycle(), 否则会造成模块内部的逻辑混乱。

当 GPIO18 (BOARD 模式 12 脚) 接 LED 时, 下面的例子按 2 s 一次的节奏闪烁:

```
1  ...
2  GPIO.setmode(GPIO.BOARD)
3  GPIO.setup(12, GPIO.OUT)
4
5  p = GPIO.PWM(12, 0.5)              # 0.5Hz
6  p.start(10)                       # 占空比 10%
7  input('Press return to stop:')
8  p.stop()
9  GPIO.cleanup()
```

下面的程序使 LED 渐亮/渐暗:

```
1  ...
2  GPIO.setmode(GPIO.BOARD)
3  GPIO.setup(12, GPIO.OUT)
4
5  p = GPIO.PWM(12, 50)              # channel=12, frequency=50Hz
6  p.start(0)
7  try:
8      while True:
9          for dc in range(0, 101, 5):
10             p.ChangeDutyCycle(dc)
11             time.sleep(0.1)
12         for dc in range(100, -1, -5):
13             p.ChangeDutyCycle(dc)
14             time.sleep(0.1)
15 except KeyboardInterrupt:
16     pass
17 p.stop()
18 GPIO.cleanup()
```

程序清单 6.2 在 GPIO18 输出变化的频率, 插上耳机可以听到一个音阶:

程序清单 6.2   输出一个音阶 notes.py

```
1  ...
2  freq = [220*2**(x/12.0) for x in (0, 2, 4, 5, 7, 9, 11, 12)]
3
4  p = GPIO.PWM(18, freq[0])
5  for x in freq:
6      p.ChangeFrequency(x)
7      p.start(50)
8      time.sleep(0.5)
9  ...
```

软件 PWM 产生的声音可以明显地听出抖动。

6.6   传感器和控制器

电子爱好者利用树莓派提供的接口, 设计了许多应用项目。在各种应用系统中, 接口控制的方式只有两种: 输出和输入, 并且都是数字接口。由于树莓派扩展接口没有模拟通道, 模拟信号需要通过专门的器件进行转换。传感器通过输入接口连接, 不同的传感器为系统提供不同的外部信息供树莓派处理; 控制部件由输出接口控制, 表现出系统的不同行为。本节介绍一些在树莓派系统上常用的外接设备。

6.6.1   蜂鸣器

蜂鸣器是一种一体化结构的电子发声设备, 主要有压电式和电磁式两种类型。常见的电子产品中使用的小型蜂鸣器都是压电式的, 主要依靠压电效应来产生机械振动, 从而发出声音。这类蜂鸣器又分为自带振荡源或不带振荡源两种。有振荡源的蜂鸣器, 外加直流电压即可发声, 频率固定; 驱动不带振荡源的蜂鸣器则需要使用交流信号。蜂鸣器因其价格低廉、形式紧凑, 在音质要求不高的场合代替扬声器作为发声设备, 其工作频率主要集中在 1.5~2.5kHz 的音频范围内。

图 6.4 是一个简易的压电蜂鸣器的控制电路。

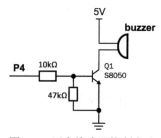

图 6.4   压电蜂鸣器控制电路

程序清单 6.3在 GPIO4 输出扫频信号, 在蜂鸣器上产生类似警报声效果。

程序清单 6.3　　蜂鸣器输出警报声 alarm.py

```
1 #!/usr/bin/python3
2 # -*- coding: utf-8 -*-
3
4 from RPi.GPIO import GPIO
5 import time
6
7 pin = 4
8 GPIO.setmode(GPIO.BCM)
9 GPIO.setup(pin, GPIO.OUT)
10
11 alarm = GPIO.PWM(pin, 500)
12 alarm.start(50)
13
14 for freq in range(500, 2500, 20):
15     alarm.ChangeFrequency(freq)
16     time.sleep(0.02)
17
18 for freq in range(2500, 500, -20):
19     alarm.ChangeFrequency(freq)
20     time.sleep(0.02)
```

6.6.2　传感器

传感器将各种物理信号转换成电信号, 并经过放大器放大输出。图 6.5 是一些在树莓派接口上容易实现控制的传感器模块, 它们都有数字输出接口。多数模块上有一个可调的电阻, 用于调整灵敏度, 当被检测信号超过一定阈值时产生特定的输出, 树莓派从 GPIO 上读取传感器的输出状态, 根据这个输出信号决定下一步的动作。由于它们大多被设计为一位数字输出, 程序上与开关按键的使用方式相同。

6.6.3　红外遥控器

红外遥控器的每个按键对应一个编码 (见图 6.6), 内部通过专用芯片将按键编码和其他信息组合在一起形成基带信号。发射的信号使用 38kHz 左右的载波对基带进行调制。接收端对信号进行检测、放大、滤波、解调等一系列处理, 然后输出基带信号。红外接收管 [见图 6.6(a)] 接收红外信号并在内部解调, 从 Out 引脚输出串行数字信号。收发双方采用约定的协议进行通信。不同厂家设计了不同的通信协议, 接收端软件需要针对不同的协议进行解码。

(a) 烟雾传感器

(b) 光敏传感器

(c) 声音传感器

(d) 人体感应传感器

(e) 触摸传感器

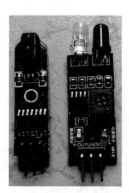
(f) 红外传感器

图 6.5　不同类型的传感器

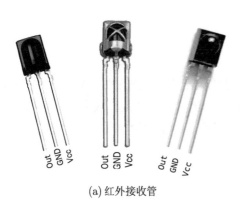
(a) 红外接收管

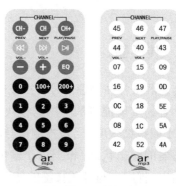
(b) 遥控器和按键编码

图 6.6　红外接收管和遥控器

图 6.7是 NEC 红外通信协议发送信号的波形。发送端首先发送一个 9ms 低电平和 4.5ms 高电平的引导码, 接收方检测到引导码后开始识别后面的数据: 0.56ms 低电平 +0.56ms 高电平表示 "0", 0.56ms 低电平 +1.69ms 高电平表示 "1"。一组 "0"、"1" 序列便构成一个按键的特征字。接收方根据收到的特征字产生一定的动作。

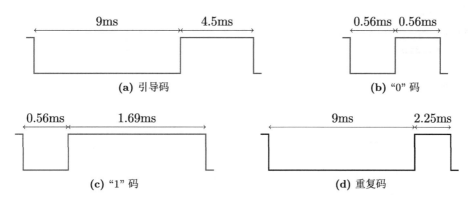

图 6.7　NEC 红外遥控器协议

程序清单 6.4 是红外接收示例程序。

程序清单 6.4　红外遥控接收模块 irremote.py

```python
1  #!/usr/bin/python3
2  # -*- coding:utf-8 -*-
3
4  import RPi.GPIO as GPIO
5  import time
6
7  IR = 17
8
9  GPIO.setmode(GPIO.BCM)
10 GPIO.setup(IR, GPIO.IN, GPIO.PUD_UP)
11
12 # 按键编码映射表
13 keymap = {
14     0x45: 'CH-', 0x46: 'CH ', 0x47: 'CH+',
15     0x44: '<<<', 0x40: '>>>', 0x43: '>>|',
16     0x07: ' - ', 0x15: ' + ', 0x09: 'EQ ',
17     0x16: ' 0 ', 0x19: '100+', 0x0D: '200+',
18     0x0C: ' 1 ', 0x18: ' 2 ', 0x5E: ' 3 ',
19     0x08: ' 4 ', 0x1C: ' 5 ', 0x5A: ' 6 ',
20     0x42: ' 7 ', 0x52: ' 8 ', 0x4A: ' 9 '}
21
22 def getkey():
23     if GPIO.input(IR) == GPIO.HIGH:
24         return
25     channel = GPIO.wait_for_edge(IR, GPIO.RISING, timeout=8)
```

```
26      GPIO.remove_event_detect(IR)
27      if channel is not None:            # 短于 9ms, 作为干扰被忽略
28          return
29
30      time.sleep(0.0045)                 # 等待 4.5ms
31
32      data = 0
33      for shift in range(0, 32):
34          # 0.56ms low level
35          while GPIO.input(IR) == GPIO.LOW:
36              time.sleep(0.0001)
37
38          count = 0
39          while GPIO.input(IR) == GPIO.HIGH and count < 10:
40              count += 1
41              time.sleep(0.0005)
42
43          # "0": 0.56ms, "1": 1.69ms
44          if (count > 1):
45              data |= 1<<shift
46
47      a1 = (data >> 24) & 0xff
48      a2 = (data >> 16) & 0xff
49      a3 = (data >> 8) & 0xff
50      a4 = (data) & 0xff
51      if ((a1+a2) == 0xff) and ((a3+a4) == 0xff):
52          return a2
53      else: print("repeat key")
54
55  print('IRremote Test Start ...')
56
57  while True:
58      key = getkey()
59      if(key != None):
60          print('key = ', keymap[key])
```

红外遥控是常见的控制设备, Linux 系统本身有完善的驱动。树莓派通过 GPIO 实现红外遥控的驱动选项在 Device Drivers → Remote Controller support → Remote Controller devices → GPIO IR remote control 以及 Remote Controller decoders 下面的协议模块。当加载了对应的设备驱动程序以后, 读取红外设备有如下更简单的方法:

(1) 加载设备树文件。在系统引导区的 config.txt 文件中加入如下一行:

```
dtoverlay=gpio-ir,gpio_pin=17,gpio_pull=up
```

它指定 GPIO17 作为红外功能的 GPIO 引脚, 上拉电阻有效。

(2) Linux 系统启动后加载 GPIO 的红外遥控接收端驱动:

```
# modprobe gpio-ir-recv
```

然后设定 NEC 协议:

```
# echo "nec" >/sys/class/rc/rc0/protocols
```

驱动加载后应可在/dev/input 目录下看到一个设备文件 event0。如果之前已有 input event 设备, 文件名中的数字序号有可能增加, 可通过查阅 /proc/bus/input/devices 文件获知红外遥控对应的设备文件名。

以上加载设备驱动和设置协议命令可写入系统启动脚本。第 1 章脚本程序清单 1.3 第 5 行用 "modules" 脚本管理模块, 程序清单 1.5 第 4 行列出了系统启动时需要自动加载的模块。

(3) 红外遥控二极管接收到红外信号后, 设备驱动会自动进行解码。原始设备文件是 /dev/lirc0, 输出未解码数据。设备文件/dev/input/event0 输出解码后的数据, 每次按键, 输出 48 字节 (其中还包括时间信息) 使用命令od 读到下面的数据:

```
# od -tx4 /dev/input/event0
0000000    5f110e51 00000000 000daa41 00000000
0000020    00040004 00000045 5f110e51 00000000
0000040    000daa41 00000000 00000000 00000000

0000060    5f110e5a 00000000 000f2132 00000000
0000100    00040004 00000045 5f110e5a 00000000
0000120    000f2132 00000000 00000000 00000000

0000140    5f110e67 00000000 0006c497 00000000
0000160    00040004 00000016 5f110e67 00000000
0000200    0006c497 00000000 00000000 00000000
```

每行第一列是八进制形式的地址, 后面每 4 字节组成一个十六进制形式的数据 (od 命令的-tx4 选项)。其中 20~23 这 4 字节对应的就是遥控器上的按键编码。对照遥控器的图可以看出, 上面显示的信息表示按了两次 "CH-" 和一次 "0" 键。

基于已解码数据的设备文件读取更加简单。下面是 Python 测试程序:

```
1 #!/usr/bin/python3
2 # -*- coding: utf-8 -*-
3
4 f = open('/dev/input/event0', 'rb')
5
6 while True:
7     d = f.read(48)
8     key = d.hex()[40:48]
9     print (key)
```

6.6.4 直流电动机

直流电动机控制电路由两个功率输出端和一个控制开关组成。当控制开关接通时,输出电流方向由两个输入端的电压差决定,从而实现电动机的双向转动控制。调整开关通、断时间比例即可调整电动机转速。

图 6.8 是直流电动机控制逻辑。GPIO12、GPIO13 接输入端 A、B, GPIO6 接控制端 Control。A、B 极性决定了电动机的转动方向,控制端采用 PWM 方式调整转速。程序清单 6.5是电动机控制示例。

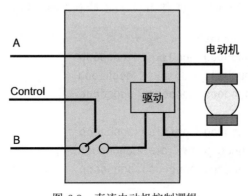

图 6.8 直流电动机控制逻辑

程序清单 6.5   利用 PWM 控制直流电动机 motor.py

```
1 #!/usr/bin/python3
2 # -*- coding:utf-8 -*-
3
4 import RPi.GPIO as GPIO
5 import time
```

```
 6
 7 A, B, CONTROL = 13, 12, 6
 8
 9 GPIO.setmode(GPIO.BCM)
10 GPIO.setup((A, B, CONTROL), GPIO.OUT)
11
12 speed = GPIO.PWM(CONTROL, 1000)
13 # 电动机正向旋转，90% 满速度
14 GPIO.output((A, B), (1, 0))
15 speed.start(90)
16 time.sleep(1)
17 speed.stop()
18
19 # 电动机反向旋转，20% 满速度
20 GPIO.output((A, B), (0, 1))
21 speed.ChangeDutyCycle(20)
22 time.sleep(1)
23 speed.stop()
24
25 GPIO.cleanup()
```

在通电时，直流电动机的转动速度会受到驱动电流、负载的影响，这在一些需要精确控制的应用场合受到限制。

6.6.5　伺服电动机

Micro Servo SG90 是一个轻巧的微机电设备，重量只有 9 克，尺寸 23mm×12.2mm×29mm，控制速度 0.1s/60°。它通过 PWM 脉冲控制舵臂的精确定位，使用 20ms 周期、占空比 5%~10% 的 PWM 脉冲，实现 0° ~ 180° 方向的转动 (见图 6.9)。

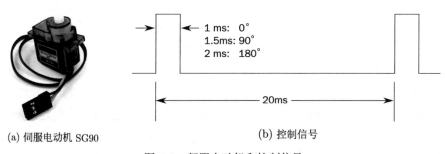

(a) 伺服电动机 SG90　　　　　　　(b) 控制信号

图 6.9　伺服电动机和控制信号

程序清单 6.6 是一个简单的示例代码, 控制舵臂在 45° ~ 135° 摇摆一个周期。

程序清单 6.6　　用 PWM 控制伺服电动机转动角度 servotest.py

```
1  #!/usr/bin/python3
2  # -*- encoding: utf-8 -*-
3
4  import RPi.GPIO as GPIO
5  import time
6
7  pin = 6
8  GPIO.setmode(GPIO.BCM)
9  GPIO.setup(pin, GPIO.OUT)
10 pwm = GPIO.PWM(pin, 50)              # 设置PWM周期 20 ms
11
12 def set_servo_angle(channel, angle):
13     dc = angle*15.0/180.0 + 5    # 占空比 5% ~ 20%
14     pwm.start(dc)
15     time.sleep(0.5)
16     pwm.stop()
17
18 for angle in range(45, 135):
19     set_servo_angle(pin, angle)
20
21 time.sleep(1)
22
23 for angle in range(135, 45, -1):
24     set_servo_angle(pin, angle)
```

6.6.6　步进电动机

步进电动机是一种将电脉冲转换为角位移的执行机构。在非超载情况下, 电动机转过的角度只取决于脉冲信号的数目, 而不受负载变化的影响, 转动方向可以通过改变脉冲的顺序实现。由于存在这种线性关系, 再加上步进电动机只有周期性的误差, 而不会产生误差积累, 使得它们在速度、位置等控制领域的应用变得相当简单。

28BYJ-48 是一个四相八拍五线减速步进电动机, 单、双四拍步进角 5.625/64°, 转动一圈需要 360/(5.625/64)=4096 个步进信号。当对步进电动机施加一系列连续不断的控制脉冲时, 每一个脉冲信号对应步进电动机的某一相或两相绕组的通电状态改变一次, 当通电状态的改变完成一个周期时, 转子转过一个齿距 (步进角)。通过控制脉冲的频率就可以达到调速的目的。

图 6.10 是通过达林顿管驱动的步进电动机电路连接图, P1~P4 通过 GPIO 控制。四相步进电动机可以在不同的通电方式下运行, 常见的通电方式有单四拍、双四拍、八拍等。程序清单 6.7 是一个简单的控制程序, 电动机反向转 10 圈, 转速约每分钟 14 转。列表变量 Seq 给出单、双四拍工作方式的通电信号 A-AB-B-BC-C-CD-D-DA-A。从中间隔选出四组控制信号也可构成单四拍方式 A-B-C-D-A。

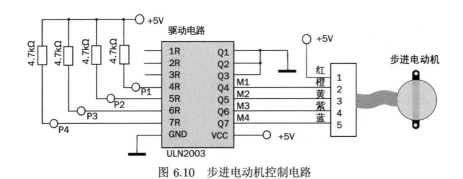

图 6.10　步进电动机控制电路

程序清单 6.7　步进电动机控制程序 *stepmotor.py*

```
1  #!/usr/bin/python3
2  # -*- coding: utf-8 -*-
3
4  import RPi.GPIO as GPIO
5  import time
6
7  pins = (26, 19, 13, 6)          # 使用的控制引脚
8  GPIO.setmode(GPIO.BCM)
9
10 GPIO.setup(pins, GPIO.OUT)      # 设置4个引脚为输出方式
11
12 Seq = [[1, 0, 0, 0],            # 电动机模式信号
13        [1, 1, 0, 0],
14        [0, 1, 0, 0],
15        [0, 1, 1, 0],
16        [0, 0, 1, 0],
17        [0, 0, 1, 1],
18        [0, 0, 0, 1],
19        [1, 0, 0, 1]]
20
```

```
21 def stop():                          # 停止
22     GPIO.output(pins, GPIO.LOW)
23
24 def setStep(w, delay):               # 步进函数
25     GPIO.output(pins, w)
26     time.sleep(delay)
27
28 def forward(delay, mode):            # 正向旋转
29     if mode == 1 or mode == 2:
30         for w in Seq[0::mode]:
31             setStep(w, delay)
32
33 def backward(delay, mode):           # 反向旋转
34     if mode == -1 or mode == -2:
35         for w in Seq[mode::mode]:
36             setStep(w, delay)
37
38 for pulse in range(512*10):
39     backward(0.001, -1)
40
41 stop()
```

程序清单 6.8 是 C 语言版本, 按单四拍方式转 10 圈, 时间 40.96s (实际测试 43s)。它通过 /dev/gpiomem 设备直接写 I/O 寄存器控制 GPIO。

程序清单 6.8　步进电动机控制程序 stepmotor.c

```
 1 #define BCM2708_PERI_BASE    0x3F000000
 2 #define GPIO_BASE            (BCM2708_PERI_BASE + 0x200000)
 3 #define SET_OFFSET           7    /* 置位寄存器偏移地址 */
 4 #define CLR_OFFSET           10   /* 复位寄存器偏移地址 */
 5 #define INPUT                0
 6 #define OUTPUT               1
 7
 8 #include <stdio.h>
 9 #include <stdlib.h>
10 #include <fcntl.h>
11 #include <sys/mman.h>
12 #include <unistd.h>
13
14 #define PAGE_SIZE (4*1024)
```

```
15  #define BLOCK_SIZE (4*1024)
16
17  /* 通过存储器映射访问 I/O 空间 */
18  volatile unsigned *gpio_map;
19
20  void map_io()
21  {
22      int  mem_fd;
23
24      if ((mem_fd = open("/dev/gpiomem", O_RDWR|O_SYNC)) < 0) {
25          perror("can't open /dev/gpiomem.\n");
26          exit(-1);
27      }
28
29      gpio_map = mmap(
30          NULL,
31          BLOCK_SIZE,
32          PROT_READ|PROT_WRITE,
33          MAP_SHARED,
34          mem_fd,
35          GPIO_BASE
36          );
37
38      close(mem_fd);    /* mmap 后，文件描述符不需要继续保留 */
39
40      if (gpio_map == MAP_FAILED) {
41          perror("mmap error.\n");
42          exit(-1);
43      }
44  }
45
46  /*
47   * 设置 GPIO 引脚为输入或输出 (0表示输入，1表示输出)
48   */
49  void setup_gpio(int gpio, int direction)
50  {
51      int offset = (gpio/10);
52      int shift = (gpio%10)*3;
53      int reg = 0;
```

```
54
55        reg = *(gpio_map+offset);
56        reg &= ~(7 << shift);
57
58        reg |= (direction <<shift);
59
60        *(gpio_map+offset) = reg;
61 }
62
63 /*
64  * GPIO 引脚输出低电平或高电平 (0表示低电平，1表示高电平)
65  */
66 void output_gpio(int gpio, int value)
67 {
68     int offset, shift;
69
70     if (value)
71         offset = SET_OFFSET + (gpio/32);
72     else
73         offset = CLR_OFFSET + (gpio/32);
74
75     shift = (gpio%32);
76     *(gpio_map+offset) = 1 << shift;
77 }
78
79 int pins[] = {26, 19, 13, 6};
80
81 /*
82  * 电动机运转 (0表示正转，1表示反转)
83  */
84 void set_step(int direction)
85 {
86     static int pos = 0;
87     int seq[4][4] = {{1, 0, 0, 0},
88                      {0, 1, 0, 0},
89                      {0, 0, 1, 0},
90                      {0, 0, 0, 1}};
91     for(int i = 0; i < 4; i++)
92         output_gpio(pins[i], seq[pos][i]);
```

```
93
94        pos = (pos + direction) % 4;
95  }
96
97  void stop()
98  {
99        for (int i = 0; i < 4; i++)
100           output_gpio(pins[i], 0);
101  }
102
103  int main(int argc, char *argv[])
104  {
105       map_io();
106
107       for (int i = 0; i < 4; i++)
108           setup_gpio(pins[i], OUTPUT);
109
110       for (int i = 0; i < 2048*10; i++) {
111           set_step(1);
112           usleep(2000);
113       }
114
115       stop();
116       return EXIT_SUCCESS;
117  }
```

6.6.7 超声波测距

超声波是一种机械波, 因其频率超过人耳听阈的最高频率 (20kHz) 而得名, 广泛用于医疗、工业及军事领域。超声波测距模块工作原理如图 6.11所示。模块包含超声波发射部分和接收部分。工作时, 要求在 Trig 端口产生不短于 10μs 的正脉冲, 发射部分会自动发出 8 个周期的超声脉冲信号 (40kHz), 并在 Echo 端输出高电平。接收部分检测到回波时, 通过内部的控制单元将 Echo 回置到低电平, 这期间, 声波跑了一个来回。通过测量 Echo 高电平维持周期, 再根据声波速度, 就可以算出发射器到障碍物之间的距离。

程序清单 6.9是超声测距模块子程序。脉冲触发 TRIG 引脚设置为输出, 回波接收信号 ECHO 接输入引脚。程序假设空气中的声速是 340m/s。由于声速和环境温度有关, 精确测量时应考虑温度变化的影响。

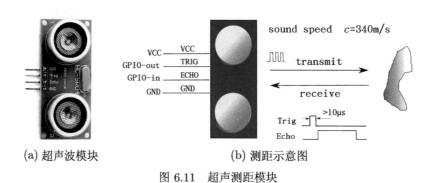

(a) 超声波模块   (b) 测距示意图

图 6.11 超声测距模块

程序清单 6.9 超声测距模块子程序 ranging.py

```
1  def ranging():
2      GPIO.output(TRIG,GPIO.HIGH)
3      time.sleep(0.000015)
4      GPIO.output(TRIG,GPIO.LOW)
5
6      while GPIO.input(ECHO) == GPIO.LOW:
7          pass
8      t1 = time.time()
9      while GPIO.input(ECHO) == GPIO.HIGH:
10         pass
11     t2 = time.time()
12     return (t2 - t1)*34000/2          # 声速按 34000cm/s 计算
```

6.6.8 控制 SPI 设备

红外传感器由一个红外发射管和一个红外接收管组成 (见图 6.5(f))。发射的红外线被障碍物反射, 由接收管接收。接收强度与传播距离和反射面对红外光的吸收性质有关。利用红外传感器可实现避障与循迹功能。

除了根据阈值输出高低电平外, 还可以根据反射强度输出模拟值。模拟信号需要经过模数转换器转换成数字信号才能被树莓派读取。图 6.12是某款树莓派驱动的智能小车的底盘, 其上方装有 5 个红外传感器, 程序可根据传感器的模拟输出信号判断行走路面的反光特性, 从而实现智能化控制。

将模拟信号转换成数字信号的是 TLC1543。TLC1543 是一个 11 通道、10 位的 SPI(Serial Port Interface, 串行接口) 接口模数转换器, 可以同时转换多路红外探测器, 构成循迹设备。图 6.13是 TLC1543 的读写时序: 10 个周期读取转换数据, 其中前 4 个周期写入通道地址。因此每次读取的转换数据对应上一组周期写入的地址。在进行连续多通道转换时，第一组读到的数据是无效的。

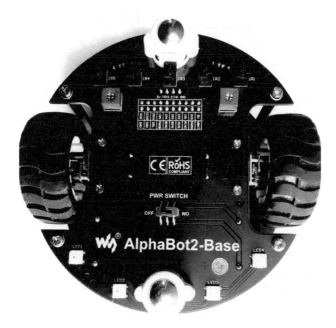

图 6.12　一款智能小车底盘

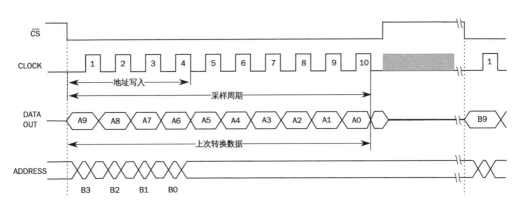

图 6.13　TLC1543 时序

程序清单 6.10用软件仿真 SPI协议，实现一个 5 通道红外传感器的数据采集，电路连接关系见图 6.14。GPIO25 在 IOCLK 产生时钟脉冲，GPIO24 通过 ADDR 逐位输入通道编码，DOUT 连接 GPIO23，由此读出模拟转换值，GPIO5 产生片选信号 $\overline{\text{CS}}$。根据每个红外传感器通道读取的模拟信号值可以判断反射强度，并进而实现循迹控制。

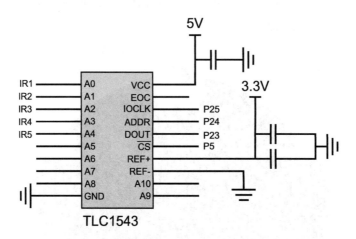

图 6.14 模数转换器 TLC1543

程序清单 6.10   红外传感器模拟–数字转换 irsensors.py

```
1  #!/usr/bin/python3
2  # -*- coding:utf-8 -*-
3
4  import RPi.GPIO as GPIO
5  import time
6
7  CS = 5
8  CLOCK = 25
9  ADDRESS = 24
10 DATAOUT = 23
11
12 GPIO.setmode(GPIO.BCM)
13 GPIO.setup((CS, CLOCK, ADDRESS), GPIO.OUT)
14 GPIO.setup(DATAOUT, GPIO.IN, GPIO.PUD_UP)
15
16 def AnalogRead():
17     value = [0]*(6)
18     # 读取 0~5 通道的 AD 值
19     for j in range(0, 6):
20         GPIO.output(CS, GPIO.LOW)
21         for i in range(0, 10):
22             # 前4个脉冲，发送通道地址编码
23             if (i < 4):
```

```
24              bit = (((j) >> (3 - i)) & 0x01)
25              GPIO.output(ADDRESS, bit)
26
27          # 每个脉冲读取1位，10个脉冲读取10-bit AD 值
28          value[j] <<= 1
29          value[j] |= GPIO.input(DATAOUT)
30          GPIO.output(CLOCK, GPIO.HIGH)
31          GPIO.output(CLOCK, GPIO.LOW)
32
33      GPIO.output(CS, GPIO.HIGH)
34      time.sleep(0.0001)
35   return value[1:]              # 第一轮读取的数据是无效的，舍去
36
37 while True:
38     print (AnalogRead())
39     time.sleep(1)
```

6.6.9　I2C 应用

8 段数码管是小系统中常用的显示设备 (见图 6.15(a))。每一段是一个发光二极管，8 个发光二极管公共端连在一起，固定接高电平 (共阳型) 或低电平 (共阴型)，另一端通过程序控制点亮不同的二极管，从而显示不同的字形。

用这种方式控制多位数码管不太现实，因要占用太多的端口。一些专用芯片可以将串行数据转换成对并行设备的控制信号，再让这些控制信号驱动数码管，而串行设备占用计算机的接口要少得多。TM1650 就是实现这种功能的控制芯片。由 TM1650 控制的多位数码管模块见图 6.15(b)。TM1650 采用 2 线串行传输协议通信 IIC (Inter-Integrated Circuit,

(a) 8 段数码管　　　　　　　　　　(b) 多位数码管

图 6.15　数码管

集成器件内部电路, 又写作 I²C 或 I2C)。它实际上包含了显示控制和键盘输入接口, 时钟信号 SCL 产生数据的读写时钟, 串行数据从 SDA 读或写 (见图 6.16)。

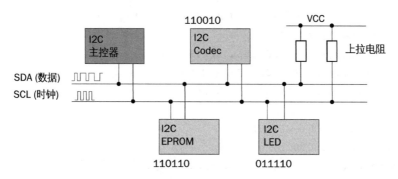

图 6.16   I2C 控制器与设备的连接

I2C 是计算机系统的常用总线, 在一组总线上可以同时挂接多个设备, 每个设备通过唯一的地址标识, 设备之间通过串行方式传递信息。主控制器在读写设备时, 在启动位 START 后会先发出被控设备的地址码和读写标志位, 被确认地址的从设备向主控制器产生一个应答信号 ACK, 接着主控制器再经过若干时钟周期, 通过公共时钟脉冲, 配合从设备完成一个字符的读或写操作; 每个字符读写, 双方都以 ACK 作为应答, 最后以停止信号 STOP 完成一轮操作。图 6.17是 I2C 的时序结构。

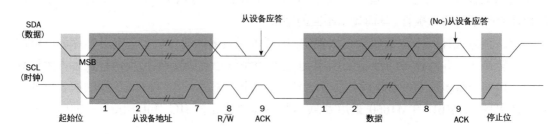

图 6.17   I2C 总线读写数据时序

作为多位数码管显示设备的接口, TM1650 通过如下的方式控制:

(1) 显示命令: 显示命令是一个 8 位的二进制数, 从高位到低位记为 B7、B6、……、B0, 用于控制数码管亮度 (辉度)、7 段 (无小数点) 或 8 段方式及显示开关。其中 B6~B4 控制辉度 (000 最亮), B3 控制段位 (0: 8 段, 1: 7 段), B0 显示开关 (0: 灭, 1: 亮)。此显示控制命令应写入地址 0x48。

(2) 字形数据: 由于有四个数码管, 通过 0x68、0x6A、0x6C、0x6E 四个地址写入对应数码管的字形编码。

第6章 树莓派接口控制 209

树莓派 GPIO2、GPIO3 对应一组 I2C 总线通信的数据和时钟信号。允许 I2C 工作，首先要在 BOOT 分区的 config.txt 文件中加入如下一行：

```
dtparam=i2c_arm=on
```

如果内核支持 I2C，这两只引脚即作为 I2C 协议使用，不再用作 GPIO。如果 I2C 驱动未编入内核而编译成了模块，使用下面的命令加载 I2C 驱动：

```
# modprobe i2c-bcm2835
# modprobe i2c-dev
```

I2C总线驱动成功后，会在/dev/ 目录下看到设备文件 i2c-1，设备对应的 GPIO 扩展接口是 3 引脚 (SDA) 和 5 引脚 (SCL)，见表 6.2。之后的数据读写就通过这个设备文件完成。程序清单 6.11是控制 4 位数码管的一个小程序，它设置一个中等辉度级，显示 "12.34"，并闪烁三次。因为 I2C 设备的地址按 7 位方式设置，TM1650 的控制寄存器地址和四个数据寄存器地址只有高 7 位作为地址写入，因此在程序中，控制寄存器地址是 0x24，而四个数据寄存器的地址是 0x34~0x37。

程序清单 6.11　I2C 设备操作 i2c_led.c

```
1  #include <stdio.h>
2  #include <unistd.h>
3  #include <stdlib.h>
4  #include <sys/ioctl.h>
5  #include <fcntl.h>
6  #include <linux/i2c-dev.h>
7
8  #define I2C_DEV "/dev/i2c-1"              /* I2C 设备文件 */
9
10 char dispBuff[4];
11
12 int i2c_write(int fd, int addr, char byte)
13 {
14     int ret;
15
16     ret = ioctl(fd, I2C_SLAVE, addr);    /* 设置从设备地址 */
17     ret = write(fd, &byte, 1);           /* 向设备写入1字节 */
18     return ret;
19 }
20
21 int setDot(int fd, int pos, int set)
```

```
22 {
23      char val;
24      int baseAddr = 0x34, ret;
25
26      ret = ioctl(fd, I2C_SLAVE, baseAddr + pos);
27      if (pos < 0 || pos > 3)
28          return -1;
29
30      if (set)
31          dispBuff[pos] |= 0x80;              /* 点亮小数点 */
32      else
33          dispBuff[pos] &= 0x7f;              /* 熄灭小数点 */
34      ret = write(fd, &dispBuff[pos], 1);
35      return ret;
36 }
37
38 int display(int fd, char *str)
39 {
40      /* 数码表 (0 - 9, 空白, '-') */
41      char digit[] = {0x3f, 0x06, 0x5b, 0x4f, 0x66,
42                      0x6d, 0x7d, 0x07, 0x7f, 0x6f, 0x00, 0x40};
43      char val;
44      int baseAddr = 0x34, ret;                // 数据寄存器从 0x34 开始
45
46      for (int i = 0; i < 4; i++) {
47          if (str[i] == ' ') {
48              val = digit[10];                 // 空白
49          } else {
50              val = str[i] - '0';
51              if (val >= 0 && val < 10)
52                  val = digit[val];            // 数字
53              else
54                  val = digit[11];             // 非数字，不予显示
55          }
56          dispBuff[i] = val;
57          ret = i2c_write(fd, baseAddr + i, val);
58          if (ret < 0)
59              break;
60      }
```

```
61      return ret;
62 }
63
64 int main (int argc, char *argv[])
65 {
66      int fd, val, ret;
67      char mode;
68
69      fd = open(I2C_DEV, O_RDWR);
70      if(fd < 0) {
71          perror("I2C device open failed\n");
72          return -1;
73      }
74      ret = ioctl(fd, I2C_TENBIT, 0);      /* 7位地址结构 */
75
76      mode = 0x41;                          /* 辉度4级，8段码，开显示 */
77      i2c_write(fd, 0x24, mode);           /* 写入控制寄存器 0x24 */
78
79      display(fd, "1234");
80
81      setDot(fd, 1, 1);                     // 第2位后补小数点
82      for (int i = 0; i < 3; i++) {        // 闪三次
83          mode = 0x40;
84          i2c_write(fd, 0x24, mode);
85          sleep(1);
86          mode = 0x41;
87          i2c_write(fd, 0x24, mode);
88          sleep(1);
89      }
90      return EXIT_SUCCESS;
91 }
```

Python 语言编写的 I2C 控制模块名为 smbus2，源码可在 https://pypi.org/project/smbus2/ 中下载。在树莓派上安装 Python 模块可仿照编译、安装 RPi.GPIO 模块的过程，也可用 pip 安装。实际上，由于 smbus2 的核心文件只有一个 smbus2.py，只要将它简单地复制到树莓派的 /usr/lib/python3.8/ 目录下即可。

程序清单 6.12 是一个简短的示例，用 smbus2 模块在 4 位数码管上显示 "1234" 四个数字。

程序清单 6.12   使用 smbus2 模块操作 I2C 设备

```
1  #!/usr/bin/python3
2  # -*- coding: utf-8 -*-
3
4  from smbus2 import SMBus
5  digit = (0x3f, 0x06, 0x5b, 0x4f, 0x66,
6            0x6d, 0x7d, 0x07, 0x7f, 0x6f)
7
8  led = SMBus(bus=1)      # bus=1 对应 i2c-1 设备
9
10 def display(str):
11     baseAddr = 0x34               # 数据寄存器地址  0x34--0x37
12     for x in range(4):
13         val = ord(str[x]) - ord('0')
14         led.write_byte(baseAddr + x, digit[val])
15
16 led.write_byte(0x24, 0x41)        # 控制寄存器地址  0x24
17 display("1234")
```

6.7 本章小结

树莓派将内部 I/O 设备通过一组扩展接口引出。正是由于这些扩展接口, 才使得树莓派在嵌入式应用中充满了活力。设备驱动程序将这些功能通过 SYSFS 文件系统提供给用户使用。本章通过一些典型设备的控制实例, 说明在用户空间操控这些 I/O 接口的方法。

GPIO 是嵌入式控制系统中最常用的接口。通过程序控制 I/O 接口, 推荐使用专用的 GPIO 模块。RPi.GPIO 是树莓派平台上常用的一个控制 GPIO 的 Python 模块。本章详细介绍了 RPi.GPIO 基本输入/输出控制的函数。本章还介绍了树莓派控制各种传感器和控制器的方法, 介绍了典型的接口协议 I2C、SPI, 以及红外遥控的使用。

基本 GPIO 用法小结:

```
1  # 导入模块
2  import RPi.GPIO as GPIO
3
4  # 设置引脚编号模式 (BCM 或 BOARD)
5  GPIO.setmode(GPIO.BCM)
6
7  # 设置引脚输入或输出功能 (IN 或者 OUT)
8  # 对于输入功能, 可以同时设置上拉或下拉电阻 (PUD_UP 或 PUD_DOWN)
9  GPIO.setup(channels, GPIO.IN, pull_up_down=GPIO.PUD_UP)
```

```
10
11  # 读取输入状态 (返回 LOW 或者 HIGH)
12  state = GPIO.input(channel)
13
14  # 设置事件检测的回调功能
15  GPIO.add_event_detect(channel, GPIO.FALLING,
16                        callback=my_callback)
17
18  # 对于输出功能，可以同时设置输出初始值 (LOW 或者 HIGH)
19  GPIO.setup(channels, GPIO.OUT, initial=GPIO.LOW)
20
21  # 改变输出电平 (LOW 或者 HIGH)
22  GPIO.output(channels, GPIO.HIGH)
23
24  # 创建 PWM 对象，设置初始频率 (Hz)
25  p = GPIO.PWM(channel, frequency)
26
27  # 启动 PWM 输出 (占空比0--100)
28  p.start(dutycycle)
29
30  # 改变频率和占空比
31  p.ChangeFrequency(frequency)
32  p.ChangeDutyCycle(dutycycle)
33
34  # 停止 PWM 输出功能
35  p.stop()
```

参 考 文 献

[1] ArchLinux. SysVinit [EB/OL].(2021-05-25)[2021-06-04]. https://wiki.archlinux.org/index.php/ SysVinit.

[2] SMITH C. Linux NFS Overview, FAQ and HOWTO Documents [EB/OL].(2007-7-26)[2020-12-20]. http://nfs.sourceforge.net.

[3] WHEELER D. Program Library HOWTO [EB/OL].(2003-4-11)[2021-7-10]. https://tldp.org/ HOWTO/Program-Library-HOWTO/.

[4] The Linux Foundation. Filesystem Hierarchy Standard [EB/OL].(2015-03-19)[2020-12-01]. https://refspecs.linuxfoundation.org/FHS-3.0/fhs-3.0.pdf.

[5] PURDY G. Linux Iptables Pocket Reference: Firewalls, NAT & Accounting[M]. Sebastopol: O'Reilly Media, Inc., 2004.8.

[6] GETTYS J, LARLTON P, McGregor S. The X Window System, Version 11[EB/OL].(1990-11-10)[2020-12-01]. https://www.hpl.hp.com/techreports/Compaq-DEC/CRL-90-8.pdf.

[7] PENNEY L. A History of TrueType [EB/OL].(2002-11-09)[2020-12-01]. https://www.truetype-typography.com/tthist.htm.

[8] KRAUSE A. Foundations of GTK+ Development (1st edition)[M]. New York: Apress, 2007.4.

[9] FOSDICK H. Xfce 4.10: Simple, Fast, Reliable [EB/OL].(2014-06-07)[2020-12-01]. https://www. osnews.com/ story/27773/xfce-410-simple-fast-reliable/.

[10] RICHARDSON T, et al. Virtual Network Computing[EB/OL]. (1998-01) [2020-12-01]. https:// quentinsf.com/publications/virtual-network-computing/vnc-ieee.pdf.

[11] SEGAL M, AKELEY K. The OpenGL System: A Specification. 4.0 (Core Profile) [EB/OL]. (2010-03-11)[2020-12-01].https://www.khronos.org/registry/OpenGL/specs/gl/ glspec40.core.pdf.

[12] GOUGH B. An Introduction to GCC[R]. Network Theory Ltd., 2004 (Revised August 2005).

[13] LUTZ M. Learning Python (5th edition) [M]. Sebastopol: O'Reilly Media, 2013.

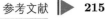

[14] Broadcom C. BCM2835 ARM Peripherals[R]. Broadcom Corporation, 2012.

[15] Raspberry Pi Foundation. GPIO–Raspberry Pi Documentation [EB/OL].(2010-7-21)[2020-12-01]. https://www.raspberrypi.org/documentation/hardware/raspberrypi/gpio/README.md.

[16] HIMPE V. I2C (Inter-Integrated Circuit) Bus Technical Overview and Frequently Asked Questions [EB/OL].(2010-7-21)[2020-12-01]. https: //www.esacademy.com/en/library/ technical-articles-and-documents/miscellaneous/i2c-bus.html.

[17] BARTELMUS C. Linux Infrared Remote Control [EB/OL]. (2016-05-26) [2020-12-01] http://www.lirc.org/.

[18] Altium Ltd. NEC Infrared Transmission Protocol [EB/OL]. (2017-09-13) [2020-12-01]. https://techdocs.altium.com/display/FPGA/NEC+Infrared+Transmission+Protocol.

[19] AGARWAL T. What is a Stepper Motor: Types & Its Working [EB/OL].(2014-05-10)[2020-12-01]. https://www.elprocus.com/stepper-motor-types-advantages-applications/.

扩 展 资 源

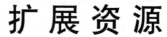

[1] 树莓派主页: https://www.Raspberrypi.org.

[2] 树莓派操作系统: https://www.raspberrypi.org/software/operating-systems/.

[3] 树莓派内核 Wiki: https://github.com/raspberrypi/linux/wiki.

[4] 树莓派论坛: https://www.raspberrypi.org/forums/.

索　　引

图 书 资 源 支 持

感谢您一直以来对清华大学出版社图书的支持和爱护。为了配合本书的使用，本书提供配套的资源，有需求的读者请扫描下方的"书圈"微信公众号二维码，在图书专区下载，也可以拨打电话或发送电子邮件咨询。

如果您在使用本书的过程中遇到了什么问题，或者有相关图书出版计划，也请您发邮件告诉我们，以便我们更好地为您服务。

我们的联系方式：

地　　址：北京市海淀区双清路学研大厦 A 座 714

邮　　编：100084

电　　话：010-83470236　010-83470237

资源下载：http://www.tup.com.cn

客服邮箱：tupjsj@vip.163.com

QQ：2301891038（请写明您的单位和姓名）

用微信扫一扫右边的二维码，即可关注清华大学出版社公众号。

教学资源·教学样书·新书信息

人工智能科学与技术
人工智能|电子通信|自动控制

资料下载·样书申请

书圈